나는 향기가 보여요

나는 향기가 보여요

달콤 쌉쌀한 생활밀착형 뇌과학

문제일 지음

arte

"후각은 멀리서부터 날아든 향기는 물론 우리가 살아
온 세월조차도 느끼게 해 주는 마법사입니다."

"Smell is a potent wizard that transports us across thousands
of miles and all the years we have lived."

헬렌 켈러Helen Keller

헬렌 켈러는 태어난 지 얼마 되지 않아 수막염으로 인해 안타
깝게도 시각과 청각을 잃습니다. 이후 세상을 후각과 촉각만으
로 인지합니다. 특히 헬렌 켈러의 후각은 아주 특별해 냄새만으
로 사람의 직업을 알아맞히는가 하면 심지어 날씨까지도 예측
했다고 합니다. 헬렌 켈러의 말처럼 향은 우리에게 멀리서 솔솔
풍기는 음식 냄새를 전해 주기도 하고, 아주 오래전 행복한 기억
을 생생하게 되돌려 주는 마법을 부리기도 합니다. 제가 뇌에서

도 감각기관을, 그중에서도 후각기관을 연구하게 된 것도 이처럼 후각은 눈과 귀가 간과하는 중요한 정보를 우리에게 속삭이는 아주 흥미로운 감각이기 때문입니다. 저는 이런 신기한 감각인 후각을 연구하는 과학자이며, 이런 저를 사람들은 뇌를 연구하는 향기박사라 부릅니다.

그럼 과연 뇌란 무엇일까요? 뇌과학을 궁금해하는 많은 사람들은 뇌과학이 최근 등장한 학문이라 생각하거나 일반인은 접근하기 어려운 분야라 생각합니다. 그런데 뇌과학은 최신 학문이 아닙니다. 이미 2500여 년 전 인류 최고의 의성醫聖 히포크라테스는 뇌에 대한 연구를 통해 "뇌는 지능과 감정을 관장하는 곳"이라고 말했습니다. 이로부터 다시 500년이 지나 뇌의 해부와 연구를 수행했던 로마 황제의 시의侍醫 아델리우스 갈레노스는 "뇌는 인간의 생각과 정서, 기억을 조절하는 곳"이라고 좀 더 구체적으로 정리합니다. 이후 스페인 뇌병리학자 라몬 카할 교수는 염색된 뇌 조직을 집요하게 관찰하여 "뇌 속 신경세포는 독립되어 있으며, 서로 시냅스를 통해 소통한다"는 사실을 발견했고, 이 발견으로 카할 교수는 1906년에 뇌과학 분야 최초로 노벨상을 수상합니다. 이처럼 뇌과학은 우리 인류가 오랫동안 꾸준히 질문하고 연구해 온 주제였습니다.

또 뇌과학은 일반인이 접근하기 어려운 과학도 아닙니다. 우리가 컴퓨터의 구조와 제조 방법을 알지 못해도 컴퓨터를 잘 사용할 수 있듯이, 뇌의 구조나 발생 과정에 대한 전문 지식이 없어도 우린 뇌를 사용하여 우리의 모든 질문과 깨달음, 망설임과 결정, 사랑과 미움을 스스로 잘 해결합니다. 아주 간단한 예로 우리 인류 역사 속 모든 부모님들은 말합니다. "머리는 쓰면 쓸수록 좋아진다." 우리 어른들이 20세기에 들어서야 증명된 '헵 이론'과 '신경가소성 이론'을 이해하고 이러한 말씀을 하셨을 리는 없겠죠? 이 책은 그런 이야기들을 담고 있습니다. 몰랐지만 우리가 이미 오랫동안 궁금해하던 뇌과학 이야기 혹은 일상생활 가까이에서 활용하고 있는 뇌과학 이야기들.

21세기 들어 미국 프린스턴대학교의 인지과학자 세바스찬 승 교수는 오랜 뇌과학 연구와 그간의 발견을 통찰하여 "나는 나의 연결체connectome이다"라고 정의합니다. 정리해 보자면 지난 세기 동안 많은 뇌 연구자들의 탐구를 통해 우리에게 전달된 가장 중요한 메시지는 "신경세포는 시냅스를 통해 다른 신경세포와 끊임없이 소통을 하며, 그러한 반복된 소통이 결국 우리의 정체성을 결정한다." 즉, "뇌는 끊임없이 소통함으로써 성장하여 나를 만든다"는 것입니다. 저 역시 뇌를 연구하면

할수록 뇌가 제게 '난 너와 다르지 않아. 나를 통해 너를 돌아보고, 나를 통해 너는 네 주변의 사람들을 좀 더 잘 이해할 수 있어'라고 속삭이는 소리를 듣습니다. 정말 뇌 속에서 일어나는 일들은 신기하게도 우리 일상에서 일어나는 일들과 많이 닮아 있습니다. 예를 들어 뇌 속 신경세포는 몸속 다른 세포들과 달리 혼자서는 살지 못하며, 늘 다른 세포와 소통하고 자극을 받아야 살 수 있습니다. 이는 우리가 친구나 가족과 서로 소통하지 못하면 살기가 힘들고, 아무리 몸이 힘들어도 가족들이나 친구들과 함께 소통하면 살 만해지는 것과 유사합니다. 이처럼 뇌 속에서 일어나는 많은 현상들은 들여다보면 우리가 사는 세상의 이야기와 크게 다르지 않습니다. 전 이런 저의 작은 깨달음을 주변과 나누고 싶은 소망이 있습니다.

향기박사가 되기까지 저는 뇌 속 신비로운 과학적 사실들을 많이 접하게 되었고, 뇌에 대해 알아 가는 매 순간 행복했습니다. 이 책은 강의실에서 나눈 학생들과의 토론, 연구실에서 수행한 실험 결과, 여러 차례의 대중 강연에서 청중들과 나눈 질의응답 속에서 얻은 저의 행복한 기억들을 정리한 것입니다. 전 세계 뇌과학자들이 밝힌 뇌에 관한 다양한 흥미로운 이야기에 아주 옅은 향의 전문 지식을 뿌린, 교양서와 뇌과학 입문서

중간쯤 되는 책이라고 할 수 있습니다. 따라서 뇌과학자를 꿈꾸는 학생들, 뇌과학에 관심이 있지만 어렵다고 생각하는 사람들, 그리고 저처럼 뇌 속에서 일어나는 일을 통해 세상을 보려는 사람들에게 단단한 징검다리가 될 수 있는 책입니다. 저는 이 책이 은은한 향기로 독자들의 뇌과학에 대한 호기심을 자극하고 두려움을 걷어 내어, 독자들이 뇌과학에 더 가까이 다가갈 수 있도록 돕는 책이 되기를 바랍니다.

차
례

서문 5

페퍼민트 – 기분의 뇌과학

로즈메리 – 학습의 뇌과학

1장

기분의 뇌과학

못난 뇌엔
남의 불행이 나의 행복?

해마다 명절이면 그동안 힘든 일을 다 잊고 오랜만에 고향을 방문해 일가친척은 물론 친구들과 모여 함께 맛난 음식을 나누고 즐겁게 시간을 보냅니다. 그런데 혹시 얼마 전까지 고급 외제 승용차를 타고 다니며 거들먹대던 동창생이 갑자기 사업이 어려워져 빚더미에 앉았다거나, 높은 자리에 올랐다고 친구들을 무시하던 동창생이 한직으로 쫓겨났다는 소식을 전해 주니 '거 참 쌤통이다'라고 생각한 적은 없나요?

이렇게 남의 불행에 묘한 쾌감을 느끼는 감정을 심리학에선 '샤덴프로이데Schadenfreude'라 말합니다. 독일어에서 유래한 단어인데 독일어 '고통Schaden'과 '기쁨Freude'의 합성어입니다. 직역하면 '남의 고통은 나의 기쁨', 뭐 그런 말입니다. 굳이 한국말로 하자면 '쌤통'이겠죠. 독일어나 우리말이나 모두 소릿값 'ㅆ'으로 시작한다는 것도 참 기이한 우연입니다.

아무튼 이런 '남의 불행이 나의 행복'인 감정도 역시 우리 뇌의 신비로운 조화 중 하나입니다.

일본 국립방사선의학연구소의 다카하시 히데히코 박사가 젊은이들을 대상으로 실험을 해 보았는데, 먼저 '동창생이 사회적으로 성공해 부러운 생활을 하고 있다'는 장면을 상상하라 하니 이들 뇌의 전대상피질anterior cingulate cortex 활동이 활발해지는 것을 발견했습니다. 뇌의 전대상피질은 불안한 감정이나 고통에 관여하는 곳입니다. 반대로 '그 부러웠던 동창생이 불의의 사고나 배우자의 외도 등으로 불행에 빠졌다'고 상상하게 하니 전대상피질 대신 쾌감을 발생시키는 보상회로인 측좌핵nucleus accumbens 활동이 활발해졌습니다. 즉 남의 불행에 본인은 쾌감을 느낀다는 것이죠.

흥미롭게도 학업성적이 부진하고 자신감이 없는 사람이 자신보다 학업성적이 우수한 학생의 실수에 대해 더 큰 쾌감을 느낀다는 것도 밝혀졌습니다. 네덜란드 로이덴대학교 연구진에 의해 밝혀진 것인데, 학업성적이 올라가고 자신감을 회복하면 남의 불행을 보고 느끼는 쾌감의 정도가 줄어든다고 합니다. 즉 자존감이 높아지면 굳이 남의 불행에서 자신의 행복을 느낄 필요를 찾지 못한다는 것이죠. 그럼 우린 왜 남의 불행에 '쌤통' 이란 고약한 감정을 느끼게 되는 것일까요? 그건 바로 자신이 남보다 우월해지고 싶은 마음과 끊임없이 남과 자신을 비교하는 우리의 뇌 때문입니다. 이런 현상은 어른들에게만 국한된 것은 아닙니다. 미국 조지아대학교의 에이브러햄 테서 교수는 초등학교 학생을 대상으로 실험을 해 보았는데, 어린이들은 자신이 관심 없는 분야는 자기 친구가 더 잘한다고 열심히 칭찬하지만 정작 자신이 좋아하는 분야에서는 자신이 친구보다 훨씬 더 잘한다고 주장했다고 합니다. 내가 남보다 잘하는 것을 하나라도 발견하면 뇌는 쾌감을 느끼고, 따라서 자존감도 높아지기 때문이죠. 그러니 사람의 뇌는 남의 장점보다 단점을 더 찾기가 쉬운 것입니다.

이런 뇌의 못난 기질 탓에 몇 년에 걸쳐 밤새 수천 개의 악성 댓글을 다는 사람들도 나타납니다. 다른 이의 장점을 찾기보다 사소한 흠집을 찾아내 그에 대한 악성 댓글을 달면서 쾌감을 느끼고, 그런 일에 서서히 뇌가 중독되면 다른 이들에게는 아무 일도 아닌 사소한 일에도 생트집을 잡으면서 악성 댓글 중독자가 되어 가는 것입니다.

가족을 표적으로 이런 현상이 일어나면 자신의 남편과 아내, 자식을 남들과 끊임없이 비교하면서 매일 상처 주는 말을 계속하게 됩니다. 참 못난 뇌 아닙니까? 어쩌면 모두가 부러워하는 '엄친아'도 이런 못난 뇌가 만들어 낸 '환상 속의 그대'인지도 모릅니다. 애정이 없으면 절대로 상대방의 장점을 찾을 수 없습니다.

이에 오늘 난꽃향 은은한 유안진의 수필 「지란지교를 꿈꾸며」를 꼭 읽어 보시기를 청합니다. 그간 애정 없이 바라보니 한없이 모자라고 흠투성이였던 당신 가족과 이웃이 다시금 한없이 사랑스럽게 보이기 시작할 것입니다.

뇌가 느끼는 제5의 맛

우리가 시원한 우동 국물을 즐기게 된 것은 지금으로부터 100년 전 미각味覺에 빠진 한 일본인 교수의 연구 덕분입니다. 일본 과학자 기쿠나에 이케다 박사는 동경제국대학을 졸업하고 독일로 유학을 떠나 새로운 세상에서 새로운 음식 맛에 흠뻑 빠집니다. 맛을 느낀다는 것은 혀 속의 맛봉오리에 있는 맛세포가 음식 속의 화학물질을 감지하고 이 정보를 신경세포에 전달해 뇌가 맛을 인지하게 되는 것입니다. 짠맛은 음식 속의 나트륨을, 신맛은 수소이온을, 단맛은 당분을, 쓴맛은 마그네슘·칼슘 등의 무기염이나 남즙산 등의 유기물질을 감지할 때 뇌가 느끼는 맛입니다.

　　　이케다 박사가 독일에서 유학하던 시절은 뇌과학자들이 사람들은 짠맛·신맛·단맛·쓴맛 네 가지 맛밖에 느낄 수 없다고 주장하던 때입니다. 그런데 다양한 음식을 접하던 중 이케다 박사는 이 네 가지 맛 외에도 일본에서 자신이 경험한 어떤 다른 맛이 있다는 것에 호기심을 갖기 시작했습니다. 이케다 박사는 이것이 기존에 알려진 네 가지 맛이 아닌 새로운 맛일 것이라 생각하고 2년간의 유학 생활을 마치고 일본으로 귀국하자마자 일본 요리에 전통적으로 사용되는 말린 다시마를 끓인 국물 맛에 주목합니다. 그러곤 드디어 1908년 이 국물 맛의 정체가 '글루타민산'에 의한 것임을 밝히고, 이 다섯 번째 맛을 '우마미Umami' 즉 감칠맛이라 명명하고 이에 대한 특허를 취득합니다. 이후 일본인 과학자들에 의해 또 다른 감칠맛인 이노신산(1913년 고다마 신타로 박사), 과구아닐산(1957년 구니나카 아키라 박사)도 발견됩니다.

이케다 박사는 감칠맛 특허를 기반으로 상용화를 추진했고, 특허 취득 1년 후인 1909년에 드디어 세계적인 감미료 회사인 아지노모토사를 세우고 세계 최초의 감칠맛 화학합성조미료를 출시합니다. 이 조미료가 바로 Monosodium Glutamate, 즉 MSG입니다. 아지노모토사는 처음 회사를 열 때부터 감칠맛의 세계화를 염두에 두고 있었기에 수출 시장 개척에 노력했고, 1917년에는 드디어 미국 뉴욕에서 판매를 개시합니다.

현재 우리가 알고 있는 MSG의 부작용이 퍼지게 된

것은 미국의 중국 요리 때문이라 합니다. 미국인이 중식당에서 요리를 먹고 나면 뒷목이 뻣뻣해지고 어지럼증을 호소하는 경우가 많았는데, 이 때문에 이런 증상은 '중식당 증상Chinese Restaurant Syndrome'이라고도 불렸습니다. 많은 과학자들이 원인을 조사하던 중 미국 중식당에서 짧은 시간에 좋은 맛을 내기 위해 감칠맛 조미료를 너무 과다하게 사용하는 것을 알게 되었습니다. 이후 감칠맛 조미료가 듬뿍 뿌려진 음식을 통해 우리 몸에 들어온 MSG가 뇌로 전달되어 우리 몸의 흥분성 신경전달체계를 조절하는 글루타민산 활동에 혼란을 가져와 두통과 어지럼증을 유발한다는 보고가 발표되면서 MSG는 몸을 망치는 조미료라는 오명을 쓰게 되었습니다.

사실 MSG는 생물 내에 존재하는 20가지 아미노산 중 하나인 글루탐산Glutamic acid의 카르복실기Carboxyl group에 나트륨을 붙여 단순히 물에 잘 녹도록 만든 것이라, MSG 부작용에 대한 연구 결과는 여전히 논란이 계속되고 있습니다. 실제 많은 연구를 통해 유럽연합EU 식품과학위원회는 1991년 MSG의 안전성을 추인했고, 미국도 1995년 MSG의 안전성에 대한 검증을 마쳤으며, 호주와 뉴질랜드는 2002년 안전성 평가를 통해 MSG가 인체에 무해하다는 결론을 내렸습니다. 그럼에도 불구하고 전 세계적으로 MSG의 부작용에 대한 연구는 여전히 계속되고 있습니다. 감칠맛에 대한 기초연구를 통해 최근 감칠맛 수용체가 발견된 이후, 많은 식품회사가 MSG의 부작용을 최소화하는 대체 조미료를 개발하고 있습니다. 한 과학자의 호기심에서 출발한 맛의 여행은 세계적인 조미료 회사를 탄생시켰고, 전 세계 130여 개국 사람들이 감칠맛을 쉬이 즐길 수 있게 만들었습니다.

　　최근 조미료 시장은 새로운 맛에 주목하고 있습니다. 바로 '코쿠미Kokumi', 즉 '깊은 맛'입니다. 한국 음식에 흔한 맛, 주로 종갓집 간장이나 묵은지 등에서 나는 맛이죠. 이케다 교수처럼 우리나라 미래 과학 영재들 중 누군가 깊은 맛의 비밀을 풀어 깊은 맛 조미료를 만든다면, 누구나 손쉽게 안동 종갓집 간장의 깊은 맛을 낼 수도 있고, 올해 나온 와인도 순식간에 깊은 맛이 우러나는 100년산 와인으로 만들 수도 있겠죠?

뇌가 즐거운 삼계탕

이번 여름은 정말 더웠습니다. 더운 여름엔 산이나 물가로 피서를 떠나는 분들이 많지요. 혹시라도 휴가를 갈 형편이 못 되는 분들은 보양식으로 더위에 지친 몸을 다스리겠죠? 그중 삼계탕이 더위에 지친 몸을 위로해 주는 여름철 대표 보양식인 것 같습니다. 영양학적으로 보아도 삼계탕은 단백질, 지방, 그리고 탄수화물이 적절히 갖춰진 참 좋은 식사입니다. 그리고 삼계탕의 뜨거운 국물을 들이켜면 땀이 쏟아지고 이내 몸이 좀 시원해진 느낌을 받습니다. 또 삼계탕을 먹으며 닭다리 살을 뜯다가 몸통 속에 채워진 밥을 함께 씹으면 뇌 속에서 아름다운 교향곡이 울려 퍼지는 행복감이 들면서 잠시나마 더위를 잊게 됩니다.

여름철 삼계탕이 선물하는 이 마술 같은 모든 일들은 우리의 뇌를 속이는 것입니다. 우리 뇌 속에는 시상하부란 기관이 있어 우리 몸의 체온을 조절합니다. 시상하부는 여름 더위로 피부 온도가 올라가면 몸 속 온도를 낮춰 체온을 유지합니다. 반

대로 겨울에는 추위로 피부 온도가 내려가고 시상하부는 몸을 덜덜 떨게 해 몸속 온도를 올려 체온을 유지합니다. 그런데 더운 여름날에 뜨거운 음식을 먹으면 몸속 온도가 올라가게 되고 이로 인해 시상하부는 체온을 유지하기 위해 땀을 배출하여 피부 온도를 낮추려 합니다. 이 때문에 여름에 뜨거운 탕을 먹으면 도리어 시원해지는 느낌이 드는 것이죠. 에어컨이나 냉장고도 없던 시절, 우리 조상들이 여름을 나는 이열치열以熱治熱 방법이 바로 그것입니다.

최근 미국 예일대학교의 다나 스몰 교수 연구진이 밝힌 바에 의하면, 그냥 닭고기만 먹거나 밥만 먹으면 삼계탕을 먹을 때 느끼는 행복감을 경험하지 못할 것이라 합니다. 이들 연구진에 따르면 뇌 속에는 지방 섭취를 감지하는 뇌의 경로와 탄수화물 섭취를 감지하는 뇌의 경로가 다른데, 이들 경로는 섭취된 영양분에 대한 뇌의 반응을 서로 독립적으로 처리합니다. 신기하게도 같은 칼로리의 음식이라도 지방과 탄수화물이 함께 포함된 음식에 대한 뇌 속 보상회로의 활성도가 지방 함유량만 높은 음식이나 탄수화물 함유량만 높은 음식에 비해 더 높다는 것입니다. 즉 우리 뇌 속에는 지방 함유량이 높은 닭고기를 먹으면 느끼는 행복감을 계산하는 뇌의 경로와 탄수화물로 구성된 밥을 먹으면 느끼는 행복감을 계산하는 뇌의 경로가 각각 존재하는데, 닭고기와 밥을 동시에 먹으면 뇌가 산수를 잘못해 행복감 계산에 오류가 생겨 각각 먹을 때보다 훨씬 더 행복하게 느끼게 된다고 합니다.

과장하자면 뇌가 각 회로에서 올라온 행복감을 덧셈 처리해야 하는데 곱셈을 한다고나 할까요? 어쩌면 이렇게 산수가 약한 뇌 때문에 배부르게 고기를 먹고도 꼭 된장찌개와 밥 한 공기를 더 시켜 결국 살이 찌게 되는지도 모르겠네요. 너무 더울 때에는 잠시 다이어트는 잊고 지방과 탄수화물 그리고 단백질까지 갖춘 영양식인 뜨거운 삼계탕 한 그릇 먹고, 더위도 이기고 뇌 속 보상회로를 극대화하여 행복감도 배가시켜 보는 것은 어떨까요? 시원한 아이스크림 역시 탄수화물과 지방이 풍부한 음식이니 오후 휴식 시간에는 아이스크림 하나 먹는 것도 여러분의 뇌를 행복하게 하는 데 좋겠죠?

사촌이 땅을 사면
배가 아픈 이유

요즘 사람들은 SNS를 통해 친구들의 근황을 듣고 또 전혀 모르는 온라인의 사람들과 소통을 합니다. SNS 속 친구가 올린 멋진 곳에서 찍은 사진이나 너무나 갖고 싶던 물건을 자랑하는 글을 보면 부러운 마음에 조금은 자신이 초라해지는 마음이 들기도 합니다. 그러다 보면 나보다 훨씬 행복한 것 같은 SNS 속의 친구 때문에 배가 살살 아파지기도 합니다.

이런 현상은 바로 뇌와 소화기가 서로 소통하기 때문입니다. 이를 뇌·장 간 상호작용Brain-Gut Interaction이라 부릅니다. 흔히 심하게 체하면 두통이 함께 오고 머리가 너무 아프면 소화도 잘되지 않는 경우가 대표적인 예입니다. 최근 《네이처Nature》지는 이런 현상에 대한 그간 연구를 정리한 기사를 실었습니다.

그 내용을 보면 실제 뇌와 장 간에는 긴밀한 상호 소통을 하고 있는데, 뇌는 면역기관과 공조해 장에 신호를 보내 장속의 미생물들이 몸에 유익한 활동을 하도록 도와주고 있으며, 장에 사는 미생물들은 음식물을 소화시켜 뇌에 중요한 신경전달물질 혹은 대사체metabolome를 만들고 이런 물질들을 통해 뇌와 서로 소통한다고 합니다.

최근 스웨덴 카롤린스카연구소의 스벤 페테르손 교수 연구진은 장에 사는 미생물들이 뇌·혈관 관문(혈관으로부터 독소가 함부로 뇌로 들어오지 못하도록 보호해 주는 관문)이 잘 작동하도록 도와 뇌를 각종 위험으로부터 보호한다는 것을 밝히기도 했습니다. 또 아일랜드의 신경과학자인 존 크라이언 교수의 연구를 보면 쥐의 장 속을 완전히 청소해 미생물이 전혀 살 수 없도록 만들었더니 쥐가 사람의 초조감, 우울증은 물론 심지어 자폐증상과 유사한 행동이상을 보이는 것을 발견했습니다. 행동이상을 보이는 쥐를, 다시 장내 미생물이 잘 살 수 있도록 회복시키니 증상이 완화되었습니다.

특히 사람 장 속에도 존재하는 비피더스 계열 유산균(모유를 먹고 자란 아이 장 속에 많다고 알려진 젖산균으로, 모자라면 설사를 유발합니다.)이 가장 좋은 효과를 보였다고 합니다. 이 연구는 식이요법을 통해 사람의 심리 상태를 바꿀 수도 있다는 것을 처음으로 증명했습니다.

사람에 대한 직접적인 연구는 UCLA의 에머란 메이어 교수 연구진에 의해 시도되었는데, 하루 두 번 규칙적으로 유산균을 마신 사람과 그렇지 않은 사람들의 스트레스 환경에 대한 대응 반응을 관찰한 연구입니다. 이 두 실험군 사람들에게 심한 불쾌감이나 경계심을 유발하는 사진을 보여 주고 뇌영상 장비를 이용해 뇌의 활성을 관찰했는데, 유산균을 마시지 않은 사람들은 긴장할 때 활성화되는 뇌 부위의 활동이 매우 활발해진 반면 놀랍게도 유산균을 마신 사람들은 이러한 뇌 활동이 강하게 나타나지 않았습니다. 즉 유산균을 꾸준히 마셔 장 속 미생물을 잘 관리한 사람들은 스트레스 환경에서도 평정심을 잃지 않는다는 것을 증명한 것이죠. 이는 어쩌면 우리 선조들이 장을 자극하는 매운 음식을 멀리하면 평온한 품성을 가질 수 있다고 오래전부터 주장해 온 것을 과학이 이제야 증명한 것인지도 모르겠습니다. 결국 장이 편해야 우리 뇌도 편안해지고, 그래야 스트레스에도 강한 건강한 뇌를 유지할 수 있습니다. 오늘부터 술이나 자극적인 음식을 피하고 규칙적인 식사를 통해 여러분 장 속의 미생물을 편안하게 하면, 사촌이 땅을 사도 배가 아프지 않겠죠?

히포크라테스의 두뇌와
아리스토텔레스의 심장

뇌에 대한 사람들의 관심은 아주 오래되었습니다. 하지만 우리가 지금 알고 있는 뇌의 기능을 과학적으로 밝힌 것은 최근의 일입니다. 그럼에도 불구하고 우리 역사 최고 지성들은 뇌에 대한 고민을 꽤 많이 했던 것 같습니다. 먼저 '의학의 아버지'라 불리는 히포크라테스(B.C. 460?~B.C. 377?)는 '뇌는 지능과 감정을 관장하는 곳'이라 주장했습니다. 아무런 최첨단 장비도 없는 2500년 전에 뇌에 대한 이런 정확한 정의를 내린 히포크라테스의 통찰력에 감탄하지 않을 수 없습니다.

그런데 그리스 최고의 철학자이며 알렉산더 대왕의 스승이기도 했던 아리스토텔레스(B.C. 384~B.C. 322)는 '심장이 생각을 조절하며 뇌는 단순히 심장으로부터 나온 피를 식히는 곳'이라 주장합니다. 아마도 아리스토텔레스는 열대야로 밤잠을 설친 어느 더운 여름날, 뇌에 대한 철학적 고민을 하다 머리를 식히지 못하고 결론을 내린 모양입니다. 이후 많은 철학자들이 아리스토텔레스의 주장에 도전했으나 결국 아리스토텔레스를 이겨 내지는 못했습니다. 아리스토텔레스의 주장은 약 400년이나 지나 클라우디우스 갈레노스(129?~199?)라는 로마 의학자에 의해 반박되는데, 갈레노스는 뇌가 '사람의 생각과 정서, 기억을 조절하는 곳'이라 주장합니다. 갈레노스는 로마 황제의 시의로 우리 역사로 말하자면 허준 같은 분입니다. 허준 선생처럼 의학적 호기심이 충만해 생체 해부는 물론이고 특히 신경계에 관련된 실험적 연구를 많이 수행합니다. 이러한 투철한 실험정신과 연구 결과를 바탕으로 내린 결론인 만큼 탄탄한 지지를 얻게 됩니다.

그로부터 대략 1700년이 지난 어느 날, 개인에게는 매우 비극이나 인류에게는 복음 같은 사건을 통해 뇌 연구는 커다란 전기를 맞게 됩니다. 미국의 한 철도 노동자였던 피니어스 게이지는 1848년 9월 13일 선로를 놓는 공사 중 폭약이 폭발하여 쇠막대기가 뇌의 앞부분을 관통하는 사고를 당하게 됩니다. (게이지의 두개골과 쇠막대기는 하버드대학교 박물관에 전시되어 있습니다.) 이 사고를 당하고도 도리어 허둥대며 자신을 치료하는 의사를 위로할 정도로 게이지는 착하고 남을 배려하는 사람이었습니다. 마을 사람들은 게이지가 죽지 않은 것은 물론 기억도 온전하고 말에도 이상이 없으며 신체 어느 부위도 마비 증세가 나타나지 않아 모두 기뻐했습니다.

그런데 이상하게도 게이지가 회복해 가면서 조금씩 성격이 변했습니다. 마을 사람들에게 상스러운 말을 하고 대낮에 부녀자를 희롱하며 거짓말을 밥 먹듯 하는 것이었습니다. 결국 이 사례를 통해 뇌가 인간의 지능과 감정을 조절하며 뇌의 특정 부위가 인성을 담당한다는 것을 알게 된 것이죠. 후속 연구를 통해 게이지의 뇌에서 사고로 손상된 곳이 전두엽이며, 전두엽은 인간과 영장류를 구별하는 곳으로 '인간다움'을 결정하는 부위라는 것도 밝혀졌습니다.

그럼 심장이 기억을 관장한다는 아리스토텔레스의 주장은 정말 더위 먹은 철학자의 헛소리일까요? 헛소리가 아닐 수도 있다는 사실이 최근 애리조나주립대학교의 게리 슈워츠 교수의 '세포기억설(장기이식 수혜자들에게 나타나는 증상으로 기증한 사람의 성격이나 품성이 기증받은 사람에게 나타나는 현상)'을 통해 알려집니다. 슈워츠 교수의 논문에 따르면 심장을 이식받은 사람들이 심장을 제공한 사람의 기억이나 재능, 그리고 품성까지 닮는다고 합니다. 아직 의학계와 과학계는 슈워츠 교수의 이론에 호의적이지 않지만 어쩌면 아리스토텔레스는 2500여 년 전에 이미 '세포기억설'을 주장하고 있었던 것은 아닐지 모르겠습니다. 두개골을 열지 않고도 뇌 속을 들여다보고 생각의 뇌신호를 측정하는 온갖 첨단 장비로 무장한 현대의 뇌 연구자들도 결국 여전히 인류 최고의 지성 히포크라테스와 아리스토텔레스와 같은 철학자의 이론을 넘어서는 혁신적인 이론을 내놓지는 못하고 있습니다. 뇌가 뇌를 연구하는 뇌 연구자의 길, 결국 자아를 찾아가는 철학자들의 길과 다르지 않은 것 같습니다.

지름신의 강림!
뉴로마케팅

백화점 바겐세일이 시작되면 왠지 무언가 사지 않으면 크게 손해 보는 느낌에 사로잡혀 무작정 백화점으로 달려갑니다. 그러곤 바겐세일 상품을 남에게 다 뺏길 것 같은 초조함에 진열된 물건을 아무 생각 없이 사 들고 집으로 돌아옵니다. 무언가 건졌다는 뿌듯함도 잠시, 조금만 시간이 지나면 내가 왜 저 물건을 샀는지 후회하기 시작합니다.

이렇게 갖고 싶은 것을 보고 맹렬한 구매 욕구를 느낄 때 바로 지름신이 강림했다고 합니다. 이는 우리 뇌의 구피질 부위의 활성에 따른 반응입니다. 우리가 원하는 것을 얻으면, 뇌의 보상과 쾌감의 중추인 측좌핵이 활성화되면서 보상회로와 쾌감회로가 작동해 만족감을 느끼기 때문에 구매를 하게 되는 것이죠. 일단 구매욕이 발동해 물건을 구매하면 그 이유가 충족되면서 우리 뇌는 행복감을 느끼게 됩니다. 이때 구매해야 하는 이유에 대해 합리적으로 판단하게 도와주는 뇌의 부위는 우리의 이성을 담당하는 신피질입니다. 신피질은 내게 정말 꼭 필요한지, 가격은 합리적인지, 이 물건을 사면 그 효용성은 얼마나 유지될지 등을 꼼꼼히 따져 보죠. 신피질은 꼼꼼한 만큼 종합적인 판단을 하는 데는 시간이 좀 걸리는데, 지름신은 바로 그 시간의 틈을 비집고 들어와 우리의 지갑을 열게 합니다.

다시 말하면 지름신의 강림과 더불어 마음이 복잡한 것은 바로 구피질과 신피질 간의 갈등 때문인 것이죠. 최근 뇌과학과 뇌영상 기술이 발달한 덕분에 이런 우리 뇌의 복잡한 활동을 분석해 소비자의 숨겨진 욕구를 파악하고 마케팅에 이용하는 분야가 새롭게 등장했는데, 이를 뉴로마케팅Neuro-marketing이라 합니다. 뉴로마케팅은 뇌의 신경세포를 일컫는 뉴로Neuro와 마케팅Marketing을 결합한 신조어입니다. 과거에는 뇌과학이 신경계의 구조와 기능을 연구하는 생물학으로만 간주되었지만 최근에는 심리학·인지과학·컴퓨터과학·경제학·통계학 등 많은 분야와 융합된 학문이 되었습니다.

특히 뉴로마케팅은 소비자의 진심을 뇌영상 장비로 읽어 내는 신경과학과 경제학의 융합 학문인 신경경제학Neuro-Economics의 한 분야입니다. 기존에는 소비자 설문조사나 시장조

사를 통해서 소비심리를 분석했는데, 보다 정확한 분석을 위해서 소비자의 뇌를 분석하기 시작한 것입니다.

최근 뉴로마케팅을 활용한 마케팅 사례는 무궁무진합니다. 가깝게는 마트나 백화점 제품의 진열, 제품의 명칭, 디자인, 기능 등 개발 단계, 로고나 광고 등 브랜드 이미지를 형성하는 데도 다양하게 활용되고 있습니다. 한 예로 독일의 유명 자동차 회사는 남성들이 특정 자동차를 선호하는 이유를 알아보기 위해서 독일 울름대학교와 함께 실험을 진행했는데, 피실험자 12명을 대상으로 66대 다양한 자동차를 보여 주고 뇌의 반응을 관찰했습니다. 그 결과, 스포츠카를 보았을 때 인간의 사회적 지위 및 보상과 관련된 뇌의 영역이 가장 활발하게 활동한다는 결과를 얻었습니다. 이 실험을 통해 남성 소비자들이 스포츠카를 통해 자신의 사회적 지위를 높이고 심리적 보상을 받고 싶어 한다는 사실을 알게 되었고, 이를 마케팅에 활용해 스포츠카 유형의 차와 성공한 비즈니스맨의 모습을 함께 투사하는 홍보를 하는 것입니다.

또 빈 곳을 채우고 싶어 하는 사람들의 심리를 이용해 마트의 카트 크기를 크게 만들어 당장 필요하지 않은 것을 더 채워 넣게 한다든지, 백화점 1층에 화장품과 향수 매장을 두어 향으로 사람들의 마음을 무장해제해 계획보다 구매를 더 많이 하게 하는 것들도 뉴로마케팅을 이용한 대표적인 예입니다. 최근 뉴로마케팅의 확산으로 그에 대한 우려도 높아지고 있습니다. 실제 뉴로마케팅이 소비자 심리를 조작하는 시도라고 비판하는 학자나 시민단체가 늘고 있는 추세입니다.

그러나 우리는 이미 뉴로마케팅 시대에 들어섰으며, 이는 되돌릴 수 없을 것 같습니다. 이제 판매자와 소비자가 함께 뉴로마케팅을 활용하는 시대로 변화해야 합니다. 사실 뉴로마케팅이 판매자에게만 이득을 주는 것은 아닙니다. 소비자들도 자신이 몰랐던 소비심리를 이해함으로써 도리어 불필요한 소비를 줄이는 효과도 기대할 수 있기 때문입니다. 따라서 소비자들도 뉴로마케팅에 좀 더 관심을 갖고 이를 적극적으로 활용한다면 뉴로마케팅은 건전한 소비문화를 조성하는 데도 크게 기여할 것입니다. 여러분도 이번 바겐세일 기간 뉴로마케팅을 바탕으로 뇌의 신피질을 활용하는 역발상적 구매 습관을 연습해 보시면 어떨까요? 구매에 앞서 계산기도 두드려 보고 효용 가치도 체크해 본다든지, 홈쇼핑을 볼 때는 휴대폰을 안 보이는 곳으로 치운다든지, 구매 전에 항상 은행 잔고도 확인해 보는 등 이성에

근거한 구매를 습관화하면서 뇌를 단련시키면 지름신으로부터 조금은 여러분을 보호할 수 있지 않을까요?

뇌를 청소하는 시간

해마다 수능시험 때가 되면 시험을 준비하며 수고하는 학생들이 안쓰럽습니다. 먼저 밤잠을 줄여 가며 수능 준비를 위해 최선을 다하는 모든 학생들의 건승을 기원합니다. 1960~1970년대에도 대학 입시는 치열했으며, 당시 학생이었던 우리 부모님들도 '4시간 자면 합격, 5시간 자면 불합격'이란 뜻의 '4당5락'이란 표어를 책상 앞에 붙여 놓고 밤잠을 줄여 가며 열심히 공부를 했습니다. 그런데 안타깝게도 50년이 지난 오늘도 여전합니다.

2017년 질병관리본부에서 발표한 '청소년건강행태조사' 자료에 따르면 우리나라 대부분의 학생이 심각한 수면 부족 상태라 합니다. 특히 일반계 고등학생의 하루 평균 수면 시간은 OECD 권장치인 8시간의 70퍼센트 정도인 5.7시간밖에 되지 않는다는 충격적인 조사 결과도 나왔습니다. 그간 진행된 많은 연구를 보면 수면 부족은 육체적 스트레스를 유발해 면역력을 떨어뜨리고 결국 여러 종류의 질환을 유발합니다. 특히 절대 수면 시간을 지키지 못하면 정신적 스트레스까지 심해져 우울증이나 자살 충동 등에 빠질 수도 있습니다.

수면의 중요성을 강조한 연구 결과도 많은데, 2013년 《사이언스Science》지에 발표된 논문은 수면이 낮 동안 뇌가 만들어 낸 노폐물을 청소하는 데 매우 중요하다고 주장합니다. 이 연구를 수행한 미국 로체스터대학교의 마이켄 네더가드 교수 연구진은 쥐의 뇌척수액(cerebrospinal fluid, CSF)에 물감을 넣고 뇌 속에서 물감이 어떻게 흐르는지를 관찰했는데, 매우 흥미롭게도 쥐가 잠든 동안에는 물감이 빠르게 흘렀으나 쥐가 깨어 활동하는 동안에는 이러한 흐름을 관찰하지 못했습니다. 즉 우리가 잠든 동안에 뇌 속의 배관 시스템이 더 활발히 활동하면서 뇌 속에 쌓인 노폐물을 청소한다는 것을 밝힌 것입니다.

이런 청소를 담당하는 기관은 글림프 시스템glymphatic system인데, 이는 뇌 속의 배관 시스템으로 우리가 잠든 사이 뇌척수액 속의 노폐물을 걸러 내고 간질액(interstitial fluid, ISF)과 교환해서 노폐물을 배출합니다. 우리가 잠든 동안 처리되는 노폐물 중에는 치매를 유발하는 아밀로이드 베타라는 독성 단백질도 포함되는데, 2015년 미국 UC버클리 윌리엄 자거스트 박사 연구진의 연구 결과, 실제 수면 시간이 부족해지면 아밀로이드 베타가 체내에 축적되고 기억 저하를 유발한다는 것을 알 수 있습니다.

그리고 얼마 전 또 하나의 매우 흥미로운 연구 결과가 발표되었는데, 수면 자세도 이 뇌 속의 배관 시스템에 영향을 준다는 것입니다. 등이나 배를 바닥에 대지 않고 옆으로 누워 자는 것이 뇌 속의 노폐물을 처리하는 데 가장 효과적이라고 주장하는데, 옆으로 눕게 되면 뇌와 척수가 일자를 이뤄 그 속을 순환하는 뇌척수액의 흐름이 가장 원활하게 되고 이 흐름을 따라 뇌척수액이 순환하면서 뇌에 쌓인 노폐물을 글림프 시스템에서 처리하게 되는 것입니다. 그런데 우리가 목을 젖힌 자세로 누워서 잠을 자면 이 뇌척수액의 흐름이 막히면서 결국 차츰 뇌에 노폐물이 쌓이게 되고 이로 인해 치매를 포함한 다양한 신경 질환을 유발하게 됩니다. 즉 바른 자세로 잠만 자도 뇌에 쌓이는 노폐물을 원활히 배출하게 되므로, 우리 뇌의 건강을 지킬 수 있는 것이죠.

앞으로 뇌 속 노폐물 배출 메커니즘을 확실히 밝힌다면 노폐물 없는 깨끗한 뇌를 갖게 되어 치매와 같은 무서운 뇌 질환

공포에서 벗어날 수도 있을 것입니다. 그럼 우리는 아마도 이런 광고를 보게 될지도 모르겠습니다. "침대는 가구가 아닙니다, 뇌 청소기입니다."

달콤 쌉쌀한
첫사랑의 기억

밸런타인데이가 오면 전 세계 연인들은 초콜릿과 함께 사랑을 고백합니다. 이렇게 초콜릿을 선물하는 관습은 19세기 영국에서 처음 시작되었고, 20세기 초반 일본의 한 제과업체가 이러한 관습을 들여와 '밸런타인데이는 초콜릿을 선물하는 날'로 홍보를 하면서 대대적으로 퍼져 나갔다고 합니다. 이때 여성이 남성에게 고백을 하는 날이라는 관습도 일본에서 처음 시작된 것이라 합니다. 실제 유럽이나 미국에서는 남녀 구분 없이 밸런타인데이에 초콜릿을 선물하며 사랑을 고백합니다.

그럼 사람들은 왜 자신의 사랑을 표현하는 데 초콜릿을 선물할까요? 역사적으로 보면 초콜릿이 갖고 있는 음식 외의 기능 때문인 것 같습니다. 실제 유럽에서 초콜릿은 음식으로가 아니라 최음제로 더 인기를 끌었습니다. 희대의 바람둥이였던 카사노바 역시 여성을 사로잡을 때 빼놓지 않고 사용했던 작업 도구가 바로 초콜릿이었습니다.

초콜릿은 숙성한 카카오 콩을 볶은 뒤 이를 갈아서 만든 카카오 매스와 지방 성분만으로 만들어진 카카오 버터를 혼합하여 만든 식품입니다. 사실 단맛과 쓴맛이 공존하는 초콜릿은 '사랑은 달달함(기쁨)과 씁쓸함(슬픔 혹은 아픔)이 함께한다'는 사랑의 역설을 그대로 담고 있는 것 같기도 합니다.

그럼 초콜릿이 어떻게 사랑하는 사람 마음의 빗장을 열게 할까요? 그것은 바로 초콜릿이 제공하는 후각·미각·촉각의 오묘한 조화 때문입니다. 먼저 선물받은 초콜릿 상자를 열면 코코아의 달콤 쌉쌀한 향이 코를 자극합니다. 그리고 가장 예쁜 초콜릿을 하나 집어 입안에 넣으면 특유의 쓴맛이 혀에 살짝 느껴진 후 다시 단맛이 혀를 강하게 자극합니다. 이는 초콜릿을 제조할 때 물 대신 기름을 사용해 카카오 콩 속 초콜릿 성분을 추출함으로써 쓴맛이 덜 녹아 나와 실제 함유된 쓴맛 성분이 혀에 덜 느껴지기 때문입니다.

잠시 후 입안의 초콜릿이 혀 위에서 부드럽게 녹으면서 단맛과 함께 최고의 느낌을 우리 혀에 전달합니다. 이는 초콜릿을 만들 때 사용되는 카카오 버터가 다른 유지 성분들과 달리 우리 체온에서 쉽게 액화되기 때문입니다. 이렇게 후각·미각·

촉각이 함께 어우러지면서 만들어 낸 공감각共感覺의 향연이 코와 혀에서 펼쳐질 때 우리 뇌는 가히 천상의 맛을 경험하게 되는 것입니다.

초콜릿은 이처럼 단순히 훌륭한 맛뿐만 아니라 우리 뇌를 위해서 또 다른 역할을 하기도 합니다. 하버드대학교 의과대학의 노먼 홀랜버그 교수 연구진은 코코아 차를 꾸준히 장복한 사람들은 심장병에 걸릴 확률이 낮다는 것을 밝혔으며, 유사한 이유로 뇌를 보호해 기억과 학습 능력에도 좋은 영향을 미칠 것이라 발표했습니다. 즉 초콜릿을 적당히 먹으면 치매를 예방할 수도 있다는 것입니다.

이는 초콜릿의 주성분인 카카오 콩에 풍부한 플라보노이드·카테킨·에피카테킨 등과 같은 폴리페놀 계열의 항산화물질 때문입니다. 실제 폴리페놀은 동맥경화나 당뇨병, 암 등을 일으키는 활성산소를 제거해 동맥경화나 협심증 같은 심혈관계 질환을 예방하는 효과가 있다고 알려져 있는데, 비슷하게 뇌에서도 활성산소를 제거해 뇌세포를 보호하는 기능을 합니다. 또 사람들은 우울할 때 초콜릿을 먹으면 기분 전환이 된다고도 하는데 이는 카카오 콩 속에 존재하는 미량의 페닐에틸아민 성분

때문입니다. 이 성분은 뇌에서 세로토닌 분비량을 증가시켜 우울증에서 벗어나게 해 줍니다. 이처럼 초콜릿은 우리 뇌에 좋은 일을 참 많이 하는 유익한 식품입니다. 그러니 여러분의 밸런타인 초콜릿 선물은 연인의 뇌 건강을 지켜 주기 위한 최고의 선물입니다. 전 세계 연인들을 위해, Happy Valentine!

아무거나 주는 식당 주인

"오늘 점심은 뭐 먹을까요?"라는 질문을 받으면 갑자기 마음이 복잡해지리라 생각합니다. 실제 중국집에 가서 짜장면과 짬뽕을 고른다거나, 치킨 집에 전화를 해서 양념치킨과 프라이드치킨을 고르는 일은 개인 행복과 세계 평화 중 하나를 선택하는 일보다도 더 어려운 질문이 되곤 합니다. 그래서 요즘 식당에서는 이런 선택의 고민을 덜어 주기 위해 짬짜면이나 프라이드 반 양념 반 메뉴를 제공합니다. 심지어 대구 현풍의 한 식당에는 '아무거나 정식'이란 메뉴가 있어 이런 선택의 고민을 원천적으로 덜어 주기도 합니다.

식사 메뉴 선택의 어려움은 단순히 우리나라만의 문제는 아니고 해외에서도 마찬가지입니다. 그래서 해외 식당에는 Today's special 혹은 Chef Special이라는 메뉴를 두어 선택의 고민을 덜어 줍니다. 단순히 식사 메뉴에 관해서만 이야기를 했지만, 사실 우린 수없이 많은 선택을 해야 하는 일상을 살고 있고,

늘 그 선택 앞에서 햄릿처럼 '죽느냐 사느냐 그것이 문제로다'를 읊조리며 망설이는 일을 반복합니다.

　　최근 이러한 선택의 어려움에 대한 뇌과학적 고찰이 활발히 진행되고 있는데, 주로 신경경제학에서 많은 연구가 진행되고 있습니다. 사람들의 상품에 대한 선호도 연구를 통해 관련 사업에 연관시키려는 이유입니다. 2015년 스위스 취리히대학교의 신경경제학자인 크리스티안 루프 교수 연구진은 사람의 선택에 대한 흥미로운 연구 결과를 발표합니다. 사람들은 '멜론과 체리 중 큰 것을 고르라'는 우리의 감각 정보와 관련된 선택은 쉽게 하는 반면, '멜론을 먹을지 체리를 먹을지'와 같은 선호도를 기반으로 한 선택은 쉽지 않음을 밝혔습니다.

　　특히 선호도를 기반으로 한 음식 선택의 경우에는 뇌의 한 부분이 결정하는 것이 아니라 전전두엽과 두정엽이란 두 부위가 서로 긴밀하게 상의하여 결정한다는 것도 밝혔으며, 이 두 부위 간의 신호 교류가 원활하지 않은 실험군은 선택하고 결정하기를 쉽게 하지 못한다는 것을 발견했습니다. 전두엽은 우리 뇌의 앞쪽에 존재하는 가장 넓은 부위로, 계획을 세우고 의사결정을 하며 논리적인 사고를 하는 등의 고등인지활동을 주관

하는 부위입니다. 따라서 이곳이 손상되면 계획을 세우거나 창의적인 활동 등 복잡한 고등인지활동이 불가능해집니다. 두정엽은 우리 머리의 정수리 부분에 위치한 부위로, 외부로부터 들어온 감각 정보를 통합하는 부위입니다.

또 다른 흥미로운 연구는 간질 등의 질환으로 좌뇌와 우뇌를 잇는 뇌량을 절제한 환자들 역시 선택에 어려움을 겪는 것을 발견했습니다. 심지어 선택하는 것이 너무 어려워 한꺼번에 모두 선택하는 경우도 있습니다. 예를 들면 백화점에 가서 옷을 살 때 빨간 재킷과 흰색 재킷이 맘에 드는데 그중 하나만을 선택해야 한다면, 이 환자들의 경우에는 두 색상의 재킷을 모두 선택하고 한꺼번에 두 재킷을 모두 껴입으려고 합니다.

이러한 연구 결과를 종합해 보면 우리 뇌가 전전두엽과 두정엽 간에, 좌뇌와 우뇌 간에 긴밀하게 소통하지 않으면 최상의 선택을 하지 못하게 되는 것입니다. 여러 가지를 고려해야 하는 중요한 선택에서 뇌가 다양한 부위 간의 소통을 한다는 사실은 과학적으로도 흥미롭지만 일상을 사는 우리에게 지혜를 일깨우기도 합니다.

현대인들이 유독 선택에 어려움을 겪는 것은 어쩌면 현대인들이 혼자만의 세상에 몰입하여 다른 이와의 소통이 줄어 일어나는 것은 아닐까 하는 생각을 해 보았습니다. 오늘은 혼자 식사하지 말고 동료·친구들과 함께 식사를 하세요. "자, 오늘 우리 뭐 먹을까?" 하고 소통을 시작하는 순간, 함께한 모든 이들의 뇌 속 다양한 부위가 활성화되어 여러분의 뇌는 세상에서 가장 맛난 점심 메뉴를 선택해 줄 것입니다.

봄은 고양이로소이다

긴 겨울이 지나고 길가에 아지랑이가 피어오르는 봄이 오면, 점심 식사 후 나른함이 밀려오고 졸음이 쏟아집니다. 학생들은 선생님의 눈을 피해, 직장인은 상사의 눈을 피해 무거워진 눈꺼풀을 살짝 내리고 잠을 즐기는 경우가 많죠. 이렇게 계절이 바뀌어 봄이 오면 충분히 잠을 자도 졸음이 밀려오는데 이를 춘곤증이라고 합니다. 춘곤증은 계절 변화에 사람의 몸이 제대로 적응하지 못해 생기는 일시적인 생리증상입니다. 춘곤증의 가장 큰 원인은 계절 변화에 따른 사람의 생체리듬 변화 때문입니다.

겨울이 지나고 봄이 오면, 밤이 짧아지고 낮은 길어지면서 수면 시간이 줄어들고 이에 우리 몸은 생체리듬에 변화를 주어 적응하고자 노력합니다. 이 기간 중 적응을 잘 하지 못하면 몸에서 피로 증상이 발생하고 이로 인해 춘곤증을 경험하게 됩니다. 유사한 예로는 해외여행 중 나타나는 시차 피로를 들 수 있습니다. 시차 역시 낮과 밤의 시간이 바뀐 여행지에서 우리 몸이 원래 살던 곳의 생체리듬을 여행지의 생체리듬으로 변화시켜 적응하는 과정 중에 나타나는 증상인데, 이런 변화에 잘 적응하면 수월하게 시차를 극복하지만 잘 적응하지 못하면 시차로 인한 피로감으로 일상적인 활동에 불편함을 겪게 됩니다.

　　이런 춘곤증, 시차 피로 등의 현상들은 하루 주기로 작동하는 사람 몸속의 매우 정교한 시계, 즉 생체시계 때문인데 이 생체시계는 최근 뇌 연구 분야에서 상당히 중요한 주제입니다. 2014년 DGIST(대구경북과학기술원) 김경진 교수는 단순히 먹고 자는 반복적인 일상 외에도 사람의 기분이나 정서 상태 역시 우리 몸의 생체시계에 의해 조절받고 있음을 세계 최초로 구명했습니다. 즉 생체리듬이 우리의 하루를 좌지우지하고 있고, 아침에는 별일 아니라고 느낀 일이 오후에는 크게 다가오는 감정의 변화조차 우리 맘속의 변덕이 아니라 우리 몸속 생체시계의 조화라는 것이죠. 또 생체리듬은 우리 기분이나 정서 상태까지 조절하므로 만약 우리 몸속 생체리듬이 깨지게 되면 시차 피로와 수면 장애는 물론 심각한 우울증까지도 올 수 있다고 합니다.

　　생체시계는 계절 변화에도 크게 영향을 받습니다. 계절별로 밤낮의 길이가 달라지므로 수면 시간이 바뀌고 이에 따라

생체리듬도 조절되면서 우리는 계절에 적응하게 됩니다. 춘곤증은 이 과정에서 일어나는 우리 몸의 생체리듬 조절이 잘 이뤄지지 않아 발생하는 환절기 증상인 거죠. 아무튼 우린 봄철 나른함과 졸음을 피하기가 정말 쉽지 않습니다. 사냥감을 노리고 살금살금 다가가는 고양이처럼 봄철 오후 밀려드는 졸음은 조용하지만 치명적으로 다가옵니다.

문득 제가 고등학교 다닐 때, 국어 교과서에서 읽은 「봄은 고양이로소이다」란 시가 떠오릅니다. 봄의 정서를 고양이의 특징과 대비해 묘사한 이 시는 사물의 감각적인 모습을 형상화한 천재적인 작품으로 알려져 있습니다. 이 시를 작시한 이장희 시인은 안타깝게도 우울증으로 스스로 목숨을 끊었습니다. 그 안타까운 결정의 시간을 조금만 뒤로 미뤘다면 이장희 시인의 생체리듬은 그 결정을 거둬들이지 않았을까 하는 아쉬움이 듭니다.

그래서 이장희 시인의 「봄은 고양이로소이다」 중 밀려오는 봄철 나른한 졸음의 유혹을 고양이의 입술을 통해 묘사한 구절로 마무리하고자 합니다. 여러분도 시 속의 고양이처럼 잠시 창을 통해 들어오는 따뜻한 봄 햇살에 몸을 맡긴 채, 밀려드는 나른함을 잠깐의 점심 수면으로 달래 보시면 어떨까요?

고요히 다물은 고양이의 입술에

포근한 봄 졸음이 떠돌아라

양심에 털 난 사람을 위한
양심냉장고

요즘 에이티엠기ATM에서 돈을 찾으려면 화면에 혹시 보이스피싱에 속아 돈을 찾는지를 묻는 경고문이 뜹니다. 금융 사기로부터 우리를 보호하려는 은행 측의 고마운 배려입니다. 보이스피싱처럼 첨단 방법이 아니더라도 제가 어릴 적 살던 동네 어귀에는 야바위꾼들이 양은 컵 세 개와 콩 하나를 가지고도 사기를 쳐 지나가는 사람들의 주머니를 터는 일이 많았습니다. 이처럼 양심에 털 난 행동을 하는 사람들은 인류 역사에 꽤 오래전부터 있었습니다. 성경 속 아담과 하와가 사과를 따 먹고도 먹지 않았다고 하느님께 거짓말을 한 것이 어쩌면 인류 최초의 사기 아닐까요?

사기란 부당한 이익을 얻기 위해 양심을 속이는 일입니다. 그런데 양심을 속이는 일은 자연스러운 뇌의 활동에 역행을 하는 일입니다. 양심을 속이려면 평소 뇌가 하던 것보다 훨씬 많은 생각을 해야 하는 것입니다. 즉 잔머리를 엄청 써야 하는 것이죠. 최근 경제학자·경영학자·심리학자가 융합 연구를 통해 양심을 담당하는 뇌 부위를 밝혀냈습니다. 2017년 스위스 취리히대학교 경제학과 마이클 마레첼 교수·미국 시카고대학교 경영학과 알랭 콘 교수·미국 하버드대학교 심리학과 크리스티안 러프 교수 연구진이 함께 발표한 연구 결과를 보면, 우리 뇌의 전전두엽의 특정 부위가 정직한 결정을 내릴 때 중요한 곳이라는 것을 밝혔습니다. 또 뇌에 전기를 흘려주는 장치를 이용하여 정직성을 담당하는 부위를 인위적으로 활성 혹은 억제시키는 실험을 통해 이 부위가 정말 사람의 정직성에 어떤 역할을 하는지 증명하는 실험도 수행했습니다.

이 연구는 주사위 보상 실험을 통해 진행됐는데, 이 실험 방법은 참가자에게 10번의 주사위를 던지도록 하는 것입니다. 이때 참가자는 홀수가 나올 때마다 1만 원 상당의 돈을 받고 짝수가 나오면 아무런 보상도 받을 수 없습니다. 실험 참가자는 감독관이나 카메라는 물론 아무도 지켜보는 사람이 없는 방에서 혼자 실험을 하도록 했고, 자신의 주사위 실험 결과는 실험 참가자가 실험을 다 마치고 나서 보고하도록 했습니다. 즉 철저히 사람의 양심에 맡기고 실험을 진행한 것입니다. 본인이 실험 결과를 속이고 홀수가 많이 나왔다고 주장하면 더 많은 돈을 받아 가는 것이죠.

이 실험에서 뇌에 전기를 흘려주는 장치를 이용해 양심을 자극하는 환경을 만들어 보았습니다. 매우 놀랍게도 뇌에 전류를 흘려 양심을 자극했더니 아무런 자극을 받지 않거나 도리어 양심을 담당하는 부위를 억제했을 때에 비해 거짓말을 훨씬 덜 하는 것으로 밝혀졌습니다. 또 이번 연구를 통해 자신이 속임수를 쓰는 것이 잘못된 일이냐는 질문에 훨씬 더 도덕적으로 갈등을 느낀다는 것도 확인했습니다.

즉 우리의 뇌에는 부당한 이득을 취하기 위해 속임수를 쓸 때, 이러한 행동을 경고하고 정직한 결정이나 행동을 하도록 이끌어 주는 특별한 부위와 프로세스를 갖는다는 것을 의미합니다. 즉 뇌 속 양심의 위치와 양심 작동 프로세스를 찾은 것이죠. 그리고 양심을 담당하는 뇌 부위를 자극하는 기기를 통해 양심을 더 싱싱하게 유지하도록 강화시킬 수도 있다는 것입니다. 그러니 이 연구진이 사용한 기기는 '양심냉장고'라고 할 수도 있겠습니다.

우리 사회는 나쁜 사기꾼이 아니라, 정작 정직한 사람

이 바보가 되는 세상이 되지 않으면 좋겠습니다. 우리나라 미래 뇌과학자들이 좀 더 안전하고 편리한 '양심냉장고'를 개발해 양심에 털 난 사람들의 마음을 고쳐 주는 세상이 오길 기대합니다.

그리운 고향의 내음을
따라서

2017년 정부가 10월 2일을 임시 공휴일로 지정해 우리는 열흘이라는 금세기 가장 긴 추석 연휴를 보냈습니다. 그해 추석은 예년에 비해 그리운 가족들과 좀 더 오랜 시간을 보낼 수 있었던 행복한 명절이었습니다. 요즘은 인터넷 예매가 있어 조금은 편해졌지만 추석이면 귀향 열차를 예매하기 위해 긴 줄을 서야 했고, 귀향길 고속도로는 늘 막혀 긴 시간을 오도 가도 못하면서 차 안에서 보내야 했습니다. 우린 그런 고생을 다 감수하고라도 추석이면 고향을 찾습니다. 고향이란 타향살이에서 받은 모든 스트레스를 다 털어 주고 우릴 품어 주는 곳이기 때문입니다.

사실 사람만 고향을 찾는 것은 아닙니다. 동물 중에도 자신의 고향을 찾는 부류가 있습니다. 대표적인 동물은 바로 연어입니다. 연어는 하천에서 태어나 바다로 나가 2년여를 살다가 다시 산란할 때가 되면 수만 리 떨어진 바다에서도 정확하게 자신이 태어난 하천으로 돌아와 알을 낳고 죽습니다.

이러한 신비한 능력은 1599년 피더 프리슨이란 노르웨이 사람에 의해 처음 기록되었다 합니다. 한 바다로 모이는 두 강이 비교적 가까운 거리를 두고 떨어져 있는데, 희한하게도 두 강에서는 각기 다른 모양의 연어만 잡히는 것을 발견했습니다. 한 가족 연어들, 즉 태어난 하천이 같은 연어끼리 바다로 나갔다가 원래 자신들이 태어난 하천으로 돌아가기 때문에 두 강에서 잡은 연어는 서로 모양이 다른 것이죠.

그럼 새끼 손톱만 한 뇌를 가진 연어는 어떻게 먼 바다로부터 자신이 태어난 곳을 정확하게 기억하고 다시 돌아올 수 있을까요? 여기엔 연어의 뇌 속에 GPS가 있다, 연어의 뇌가 자기장을 이용한다, 연어는 눈으로 별을 보고 길을 찾는다 등등 여러 가지 학설이 있습니다. 현재 그중에서 가장 신뢰를 받고 있는 학설은 일본 홋카이도대학교 어류학자인 히로시 우에다 교수 연구진이 주장하는 것으로, 연어가 일단 눈을 이용해 자신이 최초 태어난 근방을 찾아 돌아오고, 이후 자신이 태어난 하천에서 나는 독특한 냄새를 기억해 내고, 이 냄새를 따라 자신의 고향으로 돌아간다는 학설입니다.

우에다 교수 연구진은 한 호수에서 태어난 연어 중에

서 시력이 온전한 연어와 시력을 상실한 연어를 이용해 실험을 했는데, 이들 연어를 멀리 떨어진 바닷가에 풀어 두었더니 시력이 온전한 연어들은 원래 자신이 태어난 곳을 찾아 돌아갔으나, 시력을 상실한 연어는 하루 종일 정처 없이 수영만 하는 것을 관찰했습니다. 그런데 일단 자신이 태어난 강 주변에만 도착하면 90퍼센트 넘는 연어가 자신이 태어난 곳으로 정확하게 찾아갔다고 합니다. 또 다른 연구진의 실험에 의하면 코를 막은 연어는 자신이 태어난 곳을 찾아가지 못하는 것을 확인했습니다. 즉 연어는 시각을 이용해 자신이 태어난 강을 찾아가고 일단 자신이 태어난 강 가까이에 도착하면 후각을 이용해 자신이 태어난 곳을 찾아간다는 것입니다.

우리 뇌에서도 향기를 담당하는 후각이 하는 일에는 너무 중요한 일이 많은 것 같습니다. 사실 왜 연어가 꼭 자신이 태어난 하천으로만 돌아가려 하는지, 그 하천에서도 왜 꼭 자신이 태어난 곳에서만 산란을 하려 하는지는 아직도 잘 모릅니다. 아마도 영양분이 풍부하고 수질 환경이 가장 쾌적한 곳을 기억해 두었다가 자신의 산란 시기에 이를 기억해 내고 바로 그곳에서 다시 산란을 함으로써 자신의 후손들이 잘 번창하고 더 우수한 종족으로 보존될 수 있도록 하는 동물의 본능 때문이 아닐까

합니다.

　　　　사람이 고향을 찾는 이유는 연어처럼 단순하지는 않을 것입니다. 그럼에도 고향에 갈 때는 눈을 감고 고향 길 들판에서 솔솔 나는 내음을 음미해 보기 바랍니다. 그럼 어쩌면 여러분의 뇌는 어릴 적 경험한 그 익숙한 향을 기억해 내고 어릴 적 행복했던 추억 보따리를 풀어낼지도 모릅니다. 혹시 모르죠, 연어 통조림 선물 세트가 여러분을 기다릴지도. 매년 명절에 다시 만난 가족들과 함께 몸도 마음도 '힐링'하는 행복하고 풍성한 시간을 보내며 뇌도 행복해지기를 바랍니다.

플랜더스의 개

개는 저의 후각 연구와 밀접한 관련이 있습니다. 왜냐하면 제가 후각을 연구한다고 하면 많은 분들이 개코를 연구하냐고 물어보기 때문입니다. 사실 저는 개코를 연구하지는 않고 사람 코를 연구하고 있습니다.

사실 개는 사람의 1만 배에 달하는 후각 능력을 갖고 있어, 공항에서 가방 속 깊숙이 숨긴 마약을 찾아내기도 하고 심지어 사람 몸에 자라고 있는 암세포까지 찾아내는 후각 능력을 보이기도 합니다. 뇌공학자들은 이런 개의 후각 능력을 이용해 암을 찾아내는 전자 개코electronic dog nose를 개발하기도 합니다. 이런 개코의 능력에 비하자면 사람 코는 정말 형편없습니다.

그러나 이런 놀라운 코를 가진 개보다 사람이 잘하는 것이 딱 하나가 있는데, 그건 코로 냄새를 맡는 능력이 아니라 입안 냄새를 비강을 통해 감지하는 비후방 후각 능력입니다. 이

는 음식을 먹을 때 입안의 음식 향이 비강을 통해 거꾸로 올라가 코 속 후각신경세포에 닿아 감지되는 냄새와 관련이 있습니다. 이 비후방 후각은 음식과 음료의 풍미를 감지할 수 있는 감각으로, 인간에게 후각이란 동물처럼 단순히 음식을 찾기 위한 것이 아니라 음식의 풍미까지 즐기기 위한 (즉 삶의 질을 높이는) 중요한 감각으로 진화했음을 보여 주는 것입니다.

아무튼 냄새를 잘 맡든 못 맡든 인간과 개는 오랜 역사 속에 친구로 함께 지내 왔습니다. 많은 학자들은 개와 인간이 이렇게 친하게 된 것은 선사시대에 한 늑대가 인간에게 다가와 가축화되고 현재 사람의 친구가 되었기 때문이라고 합니다. 하지만 늑대가 현재의 개로 가축화된 것이 단순히 늑대가 사람들과 어울려 지내며 사람을 친구로 느끼게 되는 인지능력을 부여받았기 때문일까 하는 데는 많은 물음표가 있었습니다.

최근 프린스턴대학교의 브리지트 폰홀트 교수는 이런 물음표에 답을 주는 연구 결과를 발표했습니다. 늑대의 사촌 격인 개가 야생의 늑대와는 달리 사람을 두려워하지 않고 친밀성을 보이는 것은 한 유전자의 변이 때문이라는 것입니다. 이 연구진이 이런 결과를 주장하는 것은 변이된 개의 유전자와 사람에게서 나타나는 특이한 유전 질환의 연관성 때문입니다.

　　개 유전자의 변이로 영향을 받는 단백질에 해당하는
사람 유전자의 결함이 윌리엄스-보이렌 증후군이란 발달장애
를 유발하기 때문입니다. 윌리엄스-보이렌 증후군은 1961년 뉴
질랜드의 존 윌리엄스 박사가 처음으로 보고했는데, 사람에게
지나치게 친절하고 낯선 사람들에게도 전혀 낯을 가리지 않을
정도로 사회성이 좋으나 약간 지능이 떨어지고 건강에 장애가
있는 증상입니다. 즉 폰홀트 교수 연구진은 윌리엄스-보이렌 증
후군의 특징적인 행동 패턴과 개의 친밀성 사이에는 유전적 구
조의 유사성이 있다는 것을 통해 개의 인간에 대한 친화력을 설
명합니다.

　　이 논문을 읽다 보니 어릴 적 즐겨 본 만화영화 〈플랜
더스의 개〉의 주인공 파트라슈가 떠올랐습니다. 크리스마스 날,
안트베르펜 성모대성당에서 네로가 루벤스의 성화 밑에서 차갑
게 얼어 가고 있을 때, 따뜻한 보금자리를 마다하고 도망쳐 친구
이자 주인인 네로를 찾아온 파트라슈가 죽어 가는 네로를 깨우
다가 결국 함께 죽는 마지막 장면은, 한없이 슬프면서도 개와 인
간의 친화를 보여 주는 가장 아름다운 장면으로 기억됩니다. 여

러분 가정에도 힘든 하루를 마치고 돌아가면 반갑게 맞아 주는 충직한 파트라슈들이 기다리고 있지 않은가요?

작지만 확실한 행복, 소확행

저는 가끔 기업체의 신입사원 교육 워크숍에서 사회 초년생들에게 필요한 이야기를 해 달라는 요청을 받습니다. 처음 이 요청을 받았을 때 어떤 이야기를 해 주면 좋을지 고민을 하다가 가장 최근 사회로 진출한 한 학생에게 "혹시 그런 워크숍에 참가한다면 꼭 듣고 싶은 이야기가 무엇입니까?"라고 물어보았습니다. 그 학생은 듣고 싶은 이야기는 딱히 안 떠오르지만 혹시라도 미래를 위해 오늘을 열심히 살라는 이야기를 하시려면 그건 하지 마시라고 제게 조언을 했습니다. 내심 그런 이야기를 준비하고 있었기에 좀 당황하여 그 이유를 물었습니다. 학생의 답변은, 요즘 젊은 학생들은 자신의 미래를 위해 이미 남이 세운 기준에 따라 수없이 많은 경쟁을 해 왔고, 새로운 환경에서도 또다시 그런 경쟁을 해야 한다는 사실을 너무나 잘 알고 있기에, 신입사원 대상 강연에서 그런 사실을 확인하듯 '미래를 위해 열심히 살라'는 취지의 강연을 듣는다면 그건 격려가 아니라 잔소리며 스트레스만 받을 것이란 솔직한 이야기였습니다. 그리고 자

70

신도 이제는 자신이 선택한 직장에서 '자신이 원하는 삶'을 살고 싶고, 미래를 위한 무조건적인 희생보다는 매일매일 '소소하지만 확실한 행복'을 느끼며 살고 싶다는 이야기도 했습니다.

학생이 제게 한 이야기를 정리해 보니 그건 2018년의 트렌드로 떠오른 '소소하지만 확실한 행복' 즉 '소확행小確幸'이었습니다. 소확행이란 단어는 일본 소설가 무라카미 하루키가 이미 20여 년 전 자신의 수필집에서 처음 소개한 바 있는데, 하루키가 자신의 글에 묘사한 소확행은 다음과 같습니다. '막 구운 따뜻한 빵을 손으로 뜯어 먹을 때,' 혹은 '새로 산 면 냄새가 솔솔 풍기는 흰 셔츠를 머리부터 뒤집어쓸 때,' 그럴 때 느끼는 기분, 그 즐거움이라 적었습니다. 이런 기분은 온 세상이 부러워할 큰 성공을 한 뒤 느끼는 가슴 벅찬 행복이 아니라, 작고 소소하지만 그 묘사만으로도 마음 깊숙한 곳까지 따뜻해지는 그런 행복이죠? 과연 이런 행복을 느끼는 곳이 뇌에 존재할까요?

'행복'과 '쾌락'을 동일한 것으로 일반화하는 것이 조심스럽긴 하지만, 쾌감을 아주 낮은 수준의 행복이라고는 말할 수 있을 것 같습니다. 그래서 행복을 느끼는 곳이 쾌감을 느끼는 곳이라 가정해 보면, 실제 우리 뇌에는 어떤 일을 하고 나면 보상

받는 쾌감을 담당하는 부위인 '쾌락중추'가 있습니다. 1950년대 하버드대학교 신경과학자인 올즈와 밀너 교수에 의해 처음 밝혀진 바에 의하면, 쥐의 쾌락중추에 미세전극을 연결하여 스스로 자극하는 스위치를 달아 주니 이 쥐는 식음을 전폐하고 무려 26시간 동안 5만 번 이상이나 이 쾌락중추를 자극하는 스위치를 눌렀다고 합니다. 이 쥐는 전기 자극이 주는 즉각적인 쾌락에 완전히 중독되어 버린 것이죠. 즉 마약이나 도박과 같은 즉각적인 쾌락이 주는 자극에 길들여지면 우리 뇌 속의 보상회로는 점점 그런 자극에 대한 의존도가 높아지면서 결국 중독에 빠지게 되는 것이죠.

이런 즉각적인 쾌락 의존적인 중독에 빠진 상태를 행복하다 말하긴 어렵겠죠? 가톨릭대학교 정신과 김대진 교수는 사람들이 이런 즉각적인 쾌락을 지나치게 추구하는 '병적인 중독(의존)'으로부터 벗어나 '건강한 중독'에 빠지는 것이 중요하다고 말합니다. 그리고 건강한 중독을 만들기 위해선 어릴 때부터 쾌락중추를 잘 훈련시키는 것이 무엇보다 중요한데, 방법으로는 규칙적으로 운동하기, 스스로 즐거운 작업을 하기, 종교적인 체험해 보기, 가족 간의 행복한 경험 만들기 등으로 쾌락중추를 충분히 자극해 주면 가능하다고 합니다. 어쩌면 2018년 우리가 찾는 소확행처럼 소소하지만, 즉 쾌감의 강도는 약하지만 확실하게 우리 뇌 속에 행복감을 주는 일상의 경험들이야말로 우리를 '건강한 행복 중독자'로 만드는 훈련이 아닌가 싶습니다. 이를 통해 우리는 세상으로부터 스트레스를 덜 받고 뇌가 조금은 덜 힘든 삶을 살 수 있지 않을까요?

등장한 지 100년이 넘었음에도 여전히 어린이들의 사랑을 받는 곰돌이 푸는 우리에게 말합니다, "매일 행복하진 않지만 행복한 일은 매일 있어!" 매일 행복하다 말하긴 어렵지만 소확행이 매일 우리를 찾아오는 것은 확실한 것 같습니다. 그러고 보니 저에게도 기억해 두고 싶은 소확행이 찾아왔었습니다. 숙소로 돌아가는 밤길, 학교 뒷산에서 내려오는 아카시아 향에 취해 벤치에 앉아 있던 30분. 별다른 기대 없이 찾은 극장에서 영화 〈리틀 포레스트〉를 보며 보낸 2시간입니다. 오늘 여러분의 소확행은 무엇이었나요? 아직까지 없다면 오늘 꼭 하나 찾아 행복한 중독 연습에 빠져 보시기 바랍니다!

향기 마케팅

소비심리를 불러일으키는 향기의 비밀

우리 뇌 속 신경세포는 일단 분화하면 다시 재생하지 못합니다. 다만 이미 분화된 신경세포가 다른 신경세포와 소통하면서 계속 새로운 연결을 만들어 내고, 이 연결들은 특정한 자극을 인지하고 그 자극에 대한 특정한 반응을 하는 회로의 주된 구성 요소가 됩니다. 이는 뇌가 학습 혹은 경험에 따라 변화될 수 있는 능력을 갖는 특성을 제공하며, 이러한 특성을 신경가소성(Synaptic Plasticity, 2000년 노벨 생리·의학상 에릭 칸델 교수 연구 참조)이라 합니다. 신경가소성을 이해하려면 먼저 캐나다 뇌과학자인 도널드 햅 박사가 주창한 햅 이론Hebbian Theory을 알아야 합니다. 도널드 햅 박사는 하나의 신경세포가 지속적으로 흥분하면 그 신경세포와 연접한 신경세포 역시 함께 지속적으로 흥분을 하게 되며, 이러한 흥분 활동이 지속되면 두 신경세포의 성장도 닮게 되고 궁극적으로 단단한 상호연결로 이어진다는 이론입니다. 즉 지속적인 특정 자극(지속적인 학습이나 경험)에 대해 반응하는 특정 회로를 형성하게 된다는 것입니다. 이런 햅 이론은 반복적인 자극을 통해 뇌 속 신경세포들 간의 연결이 형성되고 강화되는 신경가소성 이론을 설명하는 데 활용되고 있습니다. 햅 이론은 그 이름보다 "Fire together, wire together (함께 활성을 보이는 신경세포는 함께 연결되어 있다, 즉 신경세포 간 회로를 형성한다)"라는 정의로 뇌과학자들에게 더 많이 알려져 있기도 합니다.

햅 이론과 신경가소성이라는 우리 뇌의 특성은 기초연구의 주제이기도 하지만 실생활 여러 분야에서 활용되고 있으며, 특히 마케팅에서도 활발히 활용되고 있습니다. 간단한 예로, 상점에 가서 어떤 제품을 선택하는 것은 우리가 의식하든 의식하지 못하든 간에 결국 우리가 선택한 제품 혹은 브랜드에 대한 기억과 그 제품에 대한 좋은 경험이 함께 떠오를 때 가능합니다. 즉 그 제품에 대한 경험을 반복하면 뇌에 각인되어 다음 번 선택에 반영된다는 것입니다. 이런 행동을 뇌의 반응으로 정리해 보자면, 뇌 속에 있는 제품 구매의 기억회로와 제품 구매에 따른 호불호 경험의 감정회로가 함께 연계되어 동시에 활성화되어 나타나는 반응인 것입니다. 이렇게 우리 뇌의 반응을 이용하여 제품 판매나 브랜드 인지도를 높이는 기술을 뉴로마케팅이라 합니다. 뉴로마케팅에서 가장 중요한 것은 소비자가 기업의 브랜드나 제품에 대한 지속적이면서도 일관된 경험 그리고 그 경험이 만족스러운 것, 즉 즐거운 경험이어야 한다는 것입니다.

인간은 감각기관을 통해 외부와 접촉합니다. 인간의 뇌에서 눈 같은 시각기관이나 귀 같은 청각기관을 통해 들어오는 정보는 주로 분석에 이용되는 반면, 코와 같은 후각기관을 통해 들어오는 정보는 감정을 좌우하는 역할을 합니다. 즉 코를 통해 접하는 후각정보에는 더 감정적으로 반응합니다. 이는 시각이나 청각과 달리 후각을 통한 정보는 인간의 기억과 감정을 관장하는 변연계Limbic System를 통해 처리되기 때문입니다. 따라서 후각을 자극하는 환경에서는 기억과 감정이 함께 강하게 연계되어 감정적인 결정을 내릴 가능성이 높습니다. 이런 후각의 특수성을 활용해 뉴로마케팅에서 향기를 많이 활용합니다. 간단하게는 백화점 1층에 화장품 매장을 배치하여 쇼핑과 화장품의 좋은 향을 연계해 소비자의 구매를 촉진하는 것입니다. 실제 2006년《마케팅저널Journal of Marketing》지에 발표된 연구 결과에 의하면, 향기를 마케팅에 접목시켜 제품을 홍보하거나 판매하면 제품에 대한 긍정적 평가나 선호도가 증가한다는 것이 보고되기도 했습니다. 미육군의 연구를 인용한 2013년 삼성의 연구보고서에 따르면, 향에 노출된 소비자는 쇼핑 시간을 실제보다 26퍼센트나 짧게 느끼고, 3배나 더 넓은 매장을 방문했다고 합니다. 정리해 보면 향 자극, 즉 후각 경험을 이용한 향기 마케팅은 특정 제품에 대한 홍보에도 활용될 수 있으며, 소비자의 쇼핑 패턴을 좌우할 수도 있다는 것을 보여 줍니다.

향기 마케팅은 주로 특정 제품을 홍보하는 데 많이 활용되지만, 기업 브랜드 이미지 구축에 향기 마케팅을 활용하려는 시도도 많습니다. 실제 향기 마케팅의 브랜드 강화 효과는 2003년 《마케팅 리서치 저널Journal of Marketing Research》지와 2000년 《비즈니스 리서치 저널Journal of Business Research》지에 발표되기도 했습니다. 연구 내용을 보면 브랜드에 대한 기억을 향상시키는 데 향기를 적용하면, 이후 같은 향기로 자극했을 때 해당 브랜드를 좀 더 정확히 떠올리고 그 브랜드를 더 정확하게 인지하게 된다고 합니다. 이런 효과를 적극적으로 활용한 예로는 고급 자동차 회사들이 있습니다. 독일의 고급 승용차 회사인 A사, B사, M사는 모두 각 회사 브랜드 향을 담당하는 조향팀을 보유하고 있습니다. A사, B사, M사 조향팀은 신차를 출시하기 전에 차 안에 앉아 과연 신차에서 회사 고유 향이 느껴지는지를 집중적으로 평가합니다. 시트의 가죽 냄새, 각종 내장재에서 나는 냄새, 심지어 스티어링 휠steering wheel에 싸인 가죽의 냄새까지 조사합니다. 이는 자동차 승차 경험과 향 경험을 연계시켜 브랜드의 이미지를 소비자의 뇌에 각인시키려는 고도의 향기 마케팅 전략입니다. 고객들이 체험한 안락한 승차감에, 지속적으로 브랜드 고유 향에 노출된 후각 경험이 추가되어 본인들이 인지하지 못하는 와중에 두 경험이 강하게 연계됩니다. 자동차 회사들은 이런 향기 마케팅 기법을 통해 소비자들의 자사에 대한 선호도를 유지하려고 합니다. 실제 이러한 형태의 향기 마케팅은 자동차라는 특성 때문에 대를 이어 브랜드에 대한 선호도가 지속될 가능성도 높습니다. 예를 들어, 어릴 때 아버지가 운전하는 B사의 차를 매일 타던 아이는 그 차의 안락함을 기억하는 데에 그 브랜드의 고유 향을 강하게 연계시킬 것입니다. 이후, 그 아이가 성인이 되어 새로운 차를 구매할 때 해당 브랜드 차량에서 맡게 되는 고유 향으로 인해 아버지와의 행복했던 기억, 기분 좋은 승차 경험 등이 함께 떠올라 그 브랜드를 다시 선택하게 되는 것입니다.

이처럼 우리가 깨닫고 있는 것보다 훨씬 다양한 분야에서 이미 뉴로마케팅은 널리 활용되고 있으며, 후각을 이용한 향기 마케팅 역시 매우 활발하게 사용되고 있습니다. 특히 향을 이용한 마케팅은 절제하고자 하는 마음을 이기고 구매욕을 높이는 데 가장 효과적으로 작용합니다. 그러나 향기 마케팅이 반드시 판매자에게만 이익을 가져다주는 것은 아닙니다. 소비자는 향기를 통해 같은 값을 치르고도 더 높은 만족감을 느낄 수도 있고, 매장에서 향기가 나면 스스로 충동구매를 피하고 꼭 필요한 것만을 구매하겠다는 마음의 준비를 할 수도 있습니다. 즉, 향기 마케팅에 휘둘리는 우리 뇌를 먼저 알고 현명하게 대응하는 소비자가 될 수 있습니다.

2장

학습의 뇌과학

불완전해서
질풍노도인 뇌

송아지는 태어난 지 1시간이면 일어나 스스로 어미의 젖을 찾습니다. 사람은 어떤가요?

　　사람의 아이가 스스로 일어나서 엄마·아빠가 천재라고 박수를 치며 기뻐해 주는 시기는 아무리 일러도 8개월입니다. 즉, 사람은 아주 불완전한 개체를 세상에 탄생시켜 놓고 교육을 통해 고귀한 존재로 성장시키는 지구상의 유일한 동물입니다.

　　사람의 몸이 불완전한 채 태어났으므로 당연히 사람의 뇌 역시 불완전한 상태로 태어날 수밖에 없겠죠? 실제로 아기는 생명 유지에 필요한 척수 등의 '생명의 뇌'를 갖추고 세상에 태어납니다. 뇌의 나머지 다른 부분은 미처 완성되지 못한 채 태어나는 것이죠. 태어난 후에도 뇌는 천천히 성장하며 불완전한 뇌를 완성해 갑니다. 우선 뇌 크기의 성장은 만 6~8세에 거의 마칩니다. 그래서 6~8세에 머리에 맞았던 모자는 나이가 들어도 쓸 수 있습니다. 왜냐하면 뇌 크기의 성장이 멈춰 더 이상 두개골이 커지지 않기 때문이죠.

6~8세의 평균, 7세! 이 나이는 많은 부모님들께 익숙한 나이죠? 부모님들이 표현하길 '미운 일곱 살', 바로 그 나이입니다. 그때야 아이들은 드디어 뇌라는 것을 제대로 갖추게 되는 것입니다. '미운 일곱 살' 아이는 드디어 인간으로서 스스로의 자존감을 형성해 가면서 '자기주장'을 강력히 표현하며 부모님들을 미치게 하는 것이죠. 그러곤 잠시 다시 사랑스러운 '나의 아이'로 돌아와 만 11세에서 12세를 넘어가며 기초적인 인지 발달의 시기를 거쳐 옳고 그름을 구별하기 시작합니다.

만 12~17세 시기에는 정확한 사고력과 판단력을 기르는 전두엽이 폭발적으로 발달합니다. 이 시기는 바로 동물에서 인간으로 뇌가 새롭게 태어나는 시기라 할 수 있습니다. 따라서 이 시기를 가장 잘 넘어야만 정말 사회적으로 훌륭한 시민으로 성장하게 되는 것입니다.

얼마 후 아이는 다시 시작된 뇌의 변화에 큰 혼돈을 겪게 됩니다. 즉 감정과 본능에 충실한 동물의 뇌가 차가운 지성의 뇌와 충돌을 하는 시기, 즉 사춘기를 맞이하게 되는 것입니다. 이 시기에 뇌는 일차 시각 영역이 발달하며 시각 자극에 민감해져 어른들이 보기엔 판다 같은 어설픈 화장과 미학적으로 빵점인 수선 교복을 즐기게 됩니다. 또한 편도체처럼 감정을 담당하는 뇌 영역도 급격히 발달해 슬픔이나 불안감, 낮은 자존감 등 부정적 감정의 영향력이 커집니다. 이 때문에 '질풍노도의 시기'에 접어들게 되는 것이죠.

하지만 이 시기가 모두 부정적인 것만은 아닙니다. 이 시기에 주목할 뇌 영역은 측좌핵이 관련된 '보상 관련 신경망'입니다. 이 영역은 돈, 맛있는 음식, 칭찬 등에 반응합니다. 따라서 부모의 칭찬은 아이의 감정 담당 영역과 보상 관련 신경망을 동시에 활성화시켜 아이가 계속 옳은 일을 하게 합니다. 즉, 부모의 칭찬은 고래가 아닌 내 아이를 춤추게 만드는 것이죠. 이런 시기를 거쳐 '감정과 본능의 뇌'에 브레이크를 걸어 주는 전두엽이 충실히 발달하면서 20세 중반이 되면 마침내 완성된 인간의 뇌를 갖게 됩니다.

성장하는 아이들은 매일 힘들게 감정과 본능을 억제해

가며 하루하루 완전한 인간의 뇌를 만들어 가는 도전을 하고 있습니다. 특히 사춘기 자녀를 둔 부모들은 이런 아이의 뇌를 제대로 이해하고, 따뜻한 말 한마디를 통해 그들의 위대한 도전을 응원하는 것은 어떨까요?

신의 손 벤 카슨

2014년 대구에서 수능 만점자 네 명이 나와 화제가 된 적이 있습니다. 대구의 높은 교육열은 이미 전국적으로 널리 알려진 바이지만, 네 학생이 모두 한 고등학교 출신이라는 것과 모두 자연계 출신이라는 것이 더 화제가 되었습니다. 이 중 두 명은 의예과에 진학해 사람들에게 도움을 주는 삶을 살겠다는 포부를 밝혀, 이공계 대학에서 학생을 가르치는 입장에서 정말 기쁘고 자랑스러웠던 기억이 있습니다.

최근 이공계의 위기를 말하면서 우수한 학생의 의대 진학에 대한 우려를 이야기하는 사람이 많습니다. 하지만 인류에 대한 기여와 배려를 위해 투철한 사명감을 갖는다면 이 우수한 학생들이 세상을 구할 큰 의사가 될 것이란 기대를 갖는 분도 많습니다.

의사가 되겠다는 뜻을 세운 이 학생들의 기사를 읽으

면서 제가 근무하던 존스홉킨스대학교 의과대학의 한 교수를 떠올렸습니다. 1984년 전 세계 최고의 병원인 존스홉킨스대학교 의과대학 병원에서 흑인임에도 (미국에선 아프리카계 미국인이라 표현합니다) 불구, 또 33세의 어린 나이임에도 불구하고 역대 최연소 흑인 소아 신경외과 과장으로 임명된 벤 카슨 교수입니다. 1987년 머리가 서로 붙어 있는 샴쌍둥이 기형아를 분리하는 수술을 세계 최초로 성공시켜 일약 '신의 손Gifted Hands'이라 불리게 된 의사입니다. 그리고 2013년 병원을 떠난 이후, 2016년 미국 대통령 선거에서 공화당 후보로 나서 사람들을 놀라게 하기도 했습니다.

실제 카슨 교수의 어린 시절을 아는 사람은 이런 모습을 상상하지 못했다고 합니다. 디트로이트 빈민가에서 태어나 한부모가정에서 성장했으며, 학교 성적은 늘 꼴찌인 문제아였기 때문이죠. 카슨 교수의 성공에는 훌륭한 어머니가 뒤에 있었습니다. 카슨 교수의 어머니는 본인은 비록 학교를 3년밖에 다니지 않았지만, 자식의 교육에 대한 확고한 철학이 있었습니다. TV 시청을 금지했고 매주 책을 두 권씩 읽도록 했으며, 언제나 카슨 교수에게 '넌 할 수 있다'고 격려했다고 합니다. 어쩌면 이런 너무나 단순하고 우직한 어머니의 교육열이 초등 6학년까지도 학교 성적이 가장 밑바닥이었던 카슨 교수를 중학교 3학년에는 전교 수석을 하게 만드는 기적을 이루게 했고, 이후 미국 아이비리그 대학 중의 하나인 예일대학교에 장학생으로 입학하게 만들었습니다.

현재 벤 카슨 교수는 의학계에 그가 쌓은 수많은 업적으로 링컨 메달 등 우수한 상을 받았으며, 명예의 전당 안에도 그의 동상이 서 있습니다. 벤 카슨 교수가 자신의 뇌를 TV 시청 같은 수동적인 학습에 빠지지 않게 하고 책을 많이 읽어 사고력을 개발해 훌륭한 사람이 되었는지, 아니면 원래 천재였는지는 알 수 없습니다. 하지만 분명한 것은 TV 시청을 즐기고 책을 읽지 않은 시절엔 공부를 못하는 문제아였지만, 어머니의 교육 덕분에 책을 매주 두 권씩 읽은 이후에는 훌륭한 의사가 된 것이라는 사실입니다.

자고로 천재들은 책 읽기를 즐겼습니다. 책 속에서 수많은 영감과 창의성을 계발했지요. 즉 책을 읽지 않고도 두뇌가 계발되기를 바라는 것은 운동을 하지 않으면서 배에 '왕王'자가 새겨지길 바라는 것과 같죠. 2000년도 노벨 생리·의학상을 수상한 에릭 캔들 교수의 뇌의 가소성 이론을 봐도 뇌는 쓰면 쓸

수록 좋아집니다. 책 읽기는 우리 뇌를 좋게 쓰는 가장 좋은 운동법입니다. 우리 부모들은 방학 때면 아이들을 학원으로 보내 밀린 학업과 다음 학기 학업을 보충시키느라 고생합니다. 그런데 카슨 교수 어머니처럼 함께 도서관에 가서 독서를 하며 시간을 보내는 것은 어떨까요? 그럼 우리 아이들의 배가 아닌 뇌에 '왕' 자가 새겨지고 언젠가 수능 만점보다 더 훌륭한 업적으로 세계를 빛낼 사람으로 성장하지 않을까요?

우리 뇌 속의
개미와 베짱이

부모님 세대가 아는 '개미와 베짱이' 이야기는 치밀하고 계획적인 개미가 여름 내내 겨울을 대비해 열심히 일한 결과 추운 겨울에도 식량이 풍족하여 잘 살고, 베짱이는 여름 내내 예술을 한다며 노래만 부르다가 겨울에 먹을 것이 없어 굶어 죽는다는 이야기입니다. 그런데 우리 아이들은 요즘 세태를 반영해 이 동화를 이렇게 바꿨더군요. 여름 내내 계획적으로 열심히 일한 개미는 늘그막에 디스크로 고생을 하고, 베짱이는 여름에 만든 노래가 히트해서 편하게 호의호식하고 살았다고 합니다.

그렇다면 미래 '개미와 베짱이' 이야기는 어떻게 또 발전할까요? 그 해답은 오늘 이야기하는 우리 좌뇌와 우뇌의 차이에서 답을 얻을 수 있을 것 같습니다.

인간의 뇌에서 생존에 직접 관련된 부분은 좌·우의 구분이 없습니다. 예를 들어 우리 심장중추, 호흡중추 등 생명을

유지하는 데 필수불가결한 자율신경계 중추가 모두 모여 있는 뇌간은 좌·우의 구분이 없습니다. 고등 뇌로 진화하면서 좌뇌와 우뇌로 구조가 분리되어 기능도 구분되기 시작합니다. 사람의 경우를 보면 좌뇌는 주로 학습에 관련된 기능을 합니다. 즉 논리·어휘·기억·수리 등의 기능이 좌뇌의 영향을 크게 받습니다. 우뇌의 경우는 우리 감정과 밀접한 관련이 있으며 주로 창조적·예술적 분야·직관력·행복한 감정 등의 기능을 담당합니다.

따라서 좌뇌가 발달한 사람은 논리적인 사고에 능하며, 계획을 세워 일을 처리하면서 편안함을 느낍니다. 반면 우뇌가 발달한 사람은 반복적인 작업을 싫어하며, 변화를 즐기고 색다른 것에 흥미를 많이 느낍니다.

우리 좌뇌와 우뇌가 동화 속 개미와 베짱이를 참 많이 닮았죠? 아이들이 너무 어릴 때부터 일방적인 학습을 강요하는 수동적인 교육에 노출되면 디스크로 고생하는 개미처럼 좌뇌가 과다한 부담을 받게 되고, 우뇌의 발달은 상대적으로 위축되는 경우가 있습니다. 물론 우뇌만 발달한다면 베짱이처럼 현실을 모르고 살다가 힘든 노후를 맞겠죠.

아인슈타인의 뇌를 연구한 연구진은 아인슈타인 천재성의 비밀은 좌뇌와 우뇌를 연결하는 뇌량의 발달이 남달랐기 때문이라 주장합니다. 즉 좌뇌와 우뇌가 활발히 서로 소통할 때 천재성이 나타난다는 것이죠. 실제 좌뇌의 특성상 자신의 계획대로 되지 않으면 불안해지는데 이때 정서적 안정을 주는 우뇌의 기능이 보완을 하면서 심리적 안정을 얻게 됩니다. 어느 한쪽으로만 치우친 교육을 받는다면 우리 뇌는 커다란 스트레스를 받습니다. 이 때문에 많은 교육학자들은 좌뇌와 우뇌의 균형 잡힌 학습이 필요하다고 말합니다.

우리 부모님들은 어린 시절 강가에 누워 하늘을 보면서 구름이 강아지로 바뀌고 말이 되기도 하고 커다란 나비가 되어 날아가기도 하는 상상을 했습니다. 이러한 것이 우뇌를 자극하는 좋은 학습이었다고 생각합니다. 이번 방학 자녀들과 산에서 별을 보면서 영화 〈인터스텔라〉처럼 자유로운 우주여행을 상상해 보고 이를 일기로 적도록 해 언어능력 학습까지 함께하게 하면 참 좋은 좌뇌, 우뇌 균형 학습법이 되지 않을까요?

좌뇌와 우뇌의 균형 잡힌 교육을 아는 사람이라면 미래 '개미와 베짱이'의 결말을 이렇게 바꿀 수 있지 않을까 싶습니다. 창의성과 예술 감각이 뛰어난 베짱이 가수를 치밀한 개미 기획 사장이 계획적으로 잘 준비시켜 싸이나 방탄소년단 같은 세계적인 스타로 만들었다고요.

미치지 않으면
결코 미치지 못한다

언젠가 〈블랙 스완〉이란 영화를 본 적이 있습니다. 이 영화의 주인공은 아름답고 순수한 하얀 백조와 관능적이면서 도발적인 검은 백조를 동시에 연기해야 하는 '백조의 호수' 발레 공연의 주인공으로 발탁되어, 그 역할을 완벽하게 연기하려다가 그만 미치게 되는 이야기가 나옵니다. 최고의 발레리나로는 성공했지만 정작 자신은 정신분열증에 걸리고 만 것이죠. 예술가가 최고의 경지에 오르려면 미칠 만큼 온전히 자신의 혼을 다 바쳐 매달려야만 가능하다는 것을 극적으로 보여 준 이야기였습니다.

또 한국 근대소설인 김동인의 「광염 소나타」 주인공 백성수는 최고의 걸작을 완성하기 위해 방화도 서슴지 않는 광기를 부리는 모습을 보이는데, 이는 예술가의 천재성이 내포한 뇌의 병리적인 문제점을 잘 묘사한 소설로 알려져 있습니다. 실제 현실에서도 세계적인 예술적 업적을 남긴 사람들을 보면 이와 같은 광적 몰입을 보여 주는 예가 많습니다.

영화 〈샤인〉의 배경이 된 이야기로 더 알려진, 난해하기로 정평이 나 있는 라흐마니노프 피아노협주곡 3번을 완벽하게 연주하려는 욕심에 그만 정신분열증(조현증)에 걸려 버린 호주의 천재 피아니스트 데이비드 헬프갓이나, 자신이 그린 그림이 자신의 기대치에 미치지 못한다고 자신의 귀를 잘라 버린 화가 빈센트 반 고흐가 대표적인 예입니다.

이처럼 세상 사람들은 큰일을 하려면 완전히 그 일에 미칠 정도로 몰입하지 않고는 달성할 수 없다고 믿고 있으며, 이러한 의미의 '불광불급不狂不及'이란 사자성어를 많이 사용합니다. 이 말은 사실 '약여불광 종불급지若汝不狂 終不及之'의 줄임말이라 합니다. 2015년 이런 사실을 과학적으로 증명한 사례가 《네이처 뉴로사이언스Nature Neuroscience》지에 발표되었습니다. 아이슬란드 대학 인류학과의 카리 스테파운손 박사 연구진에 따르면 사람의 예술적 창의성과 정신분열증 혹은 양극성 장애(조울증, 일상생활에 지장을 줄 만한 조증과 우울증 상태가 번갈아 나타나는 기분 조절 이상 질환) 사이에 유전적인 연관성이 있습니다. 8만 6000명이 넘는 아이슬란드 사람의 유전정보를 바탕으로 정신분열증과 양극성 장애의 위험을 높이는 유전적 변형체를 검사해 본 결과 시각예술가·작가·배우·무용가·음악가 등으로 구성된 국립예술가협회 회원 중에서 유독 그러한 유전적 변형체를 가진 사람들이 일반인과 비교하면 무려 17퍼센트나 더 많다는 것을 발견한 것입니다.

또한 연구진은 과거 네덜란드와 스웨덴 사람들을 대상으로 수행한 연구를 바탕으로 창의성과 정신 질환 간의 연계성을 조사해 본 결과 창의적인 일을 하는 직업군에 속하는 사람들이 그렇지 않은 직업을 가진 사람들보다 정신 질환과 연관된 유전적 변형체를 가질 확률이 거의 25퍼센트나 더 높다는 것도 확인했습니다. 이러한 연구 결과를 볼 때, 아마도 창의적인 일을 하는 사람들은 평범한 사람들과는 다른 방식, 즉 비범한 방식으로 생각하고, 이러한 일상을 반복하다 보면 결국 정신분열증에 취약한 유전 요인을 갖게 되는 것이 아닐까 추정하고 있습니다. 굳이 자기 일에 미치지 않은 사람이 성공한 경우를 보지 못했다는 철강왕 카네기의 이야기를 인용하지 않더라도 사실 미친 듯한 열정이 없으면 위대한 성취를 하긴 불가능해 보이기도 합니다.

하지만 현대는 사회 고도화나 기술 복잡성으로 인해 개별 능력의 척도인 IQ(intelligence quotient, 지능지수)나 EQ(emotional quotient, 감성지수)를 통해 창의성이 드러나는 시대가 아니라, 다른 사람을 배려하고 다른 사람들과도 함께 협력하여 공동의 목표를 달성하는 데 필수적인 능력의 척도인 SQ(social intelligence quotient, 사회지능)를 통해 발휘되는 창의성을 더 중시하는 시대가 되었습니다. 즉 현대는 단순히 창의적이기만 한 아이디어보다는 창의적이면서도 타인에 대한 배려가 담긴 아이디어를 더 높이 평가하는 시대인 것이죠. 이에 저는 새로운 육자성어를 제안해 봅니다. '불동광불동급不同狂不同及', 즉 다른 사람과 함께 미치지 않으면 좋은 일은 함께 이룰 수 없다고요.

자녀의 뇌 속을
들여다봅니다

방학이 되면 그간 공부에 찌들었던 학생들은 오랜만에 조금은 여유로운 일상을 보내려 합니다. 방학을 활용해 학기 중에 모자랐던 교과목을 부지런히 보충해서, 다음 학기가 시작되면 공부를 좀 더 잘하길 기대하고 있는 부모들의 속은 까맣게 타들어 갑니다. 어려운 살림에 허리띠를 졸라매며 등록해 준 학원에는 안 가고 밤새 게임을 하고 늦잠 자고 일어나서는 공부는 안 하고 친구들 만나러 돌아다니는 자녀들을 부모들은 이해할 수가 없죠. 내 자녀의 머릿속에는 무엇이 들었는지, 도대체 무슨 생각을 하고 사는지 한번 그 머릿속을 들여다보고 싶은 마음이 굴뚝같을 것입니다.

그런데 사실 머릿속을 들여다보는 기계가 이미 사용되고 있답니다! 일본 응용물리학자인 오가와 세이지 교수에 의해 도입된 '기능적 자기공명 영상(functional Magnetic Resonance Imaging, fMRI)'이 바로 그것인데, 살아 있는 사람의 뇌 활동을 볼 수 있는 뇌영상 장비입니다. 원리는 뇌의 에너지대사를 관찰하는 것입니다. 뇌가 활동을 하기 위해서 에너지가 필요하고 이 에너지를 생산하기 위해 우리 몸은 혈관을 통해 포도당과 산소를 뇌로 보내 줍니다. 이때 뇌에 유입되는 뇌혈관 속의 산소포화도를 영상으로 관찰하면 뇌의 어느 부위가 활동을 하는지 알게 되는 원리입니다.

이 장비가 소개된 이후 뇌 연구 분야는 비약적인 발전을 합니다. 왜냐하면 살아 있는 사람의 생각을 읽을 수 있는 방법이 생겼기 때문입니다. 2012년 미국 UC버클리의 잭 갤런트 교수 연구진은 기능적 자기공명 영상을 이용해 사람들이 어떤 영상을 보고 있는지를 알아내는 데 성공합니다. 연구진은 피험자들이 영상을 보는 동안 뇌활성을 뇌영상 장비로 관찰하고 각 영상과 뇌활성 패턴 간의 상호 관계를 파악해 데이터베이스를 구축합니다. 이후 어떤 영상을 보여 준 후 뇌활성을 관찰하고 그 뇌신호를 데이터베이스와 비교하면 우리가 어떤 영상을 보았는지 추측할 수 있게 되는 것이죠. 즉 이젠 이 기술과 뇌영상 장비를 이용하면 우리가 머릿속에 어떤 영상을 떠올리고 있는지를 다른 사람들이 알 수도 있는 세상이 되었습니다.

비슷한 방법으로 2013년 일본의 고등통신연구소의 유키야수 가미타니 박사 연구진은 뇌영상 장비를 이용해 사람의 꿈 내용을 추측할 수 있는 기술까지 개발합니다. 이젠 깨어 있어도, 잠들어 있어도 우리 생각을 누군가 볼 수 있는 기술이 등장한 것입니다. 이런 기술은 실상에서 거짓말 탐지기를 대체할 수도 있을 것이며, 굳이 일기를 쓰지 않아도 하루 일을 정리하는 데 어려움이 없도록 도움을 주기도 할 것입니다. 혹시라도 꿈속에 본 로또 번호가 떠오르지 않아 하루 종일 안절부절못하는 일도 없어지겠죠? 무엇보다 우리 부모들은 자녀들이 무슨 생각을 하는지 속속들이 알게 될 것입니다. 아직은 그런 세상이 좋기만 할지는 모르겠습니다. 다만 이러한 기술에 대해 뇌 윤리학이란 새로운 학문도 대두되고 있으니, 조만간 법적 제도가 마련될 것이라 기대합니다.

끝으로 공부에 힘들어하는 학생들을 위해 뇌를 즐겁게 하는 오감 자극 공부법을 제안해 봅니다. 먼저 책상에 반듯한 자세로 앉아(혈액순환을 좋게 하여 뇌에 많은 산소를 공급합니다.), 책을 두 눈으로 보면서 입으로 읽고 귀로 듣고(시각·청각·두뇌 피질 모든 부분이 유기적으로 활성화됩니다.), 책장을 넘기면서 손끝으로 느끼고(촉각, 특히 사람의 손끝 감각은 매우 예민하여 뇌 발달에 큰 역할을 합니다.), 덤으로 책장을 넘길 때마다 은은히 퍼지는 서향書香을 느낀다면(후각, 향기 자극은 기억을 강화하는 데 매우 중요한 역할을 합니다.) 뇌는 다양한 자극으로 인해 즐겁게 활동하게 됩니다. 이런 오감 자극 공부법을 통해 뇌 속에 저장된 공부는 단순한 정보 축적이 아니라 지식으로 남고, 시간이 흘러가면서 지혜로 숙성 되는 경험을 하게 될 것입니다. 오감 자극 공부법에서 빠진 '미 각'은 즉석식품이 아닌 직접 만든 건강한 식사로 채우면 더 좋 겠죠?

삼신할미의
학습 능력 점지

요즘 주문진 한 방파제에서는 선남선녀들이 인증샷을 찍는 것이 유행이라 합니다. 그 곳은 2017년 겨울, 인기를 끌었던 한 드라마에서 주인공 남녀가 꽃을 주고받는 장면을 촬영한 곳이라고 합니다. 이름 없는 주문진 방파제를 유명 관광지로 만든 드라마 '도깨비'는 도깨비 설화를 적절히 각색하여 재미있는 사랑 이야기로 만들었습니다. 그중 흥미로운 등장인물이 있는데 바로 삼신할미입니다. 그런데 이 삼신할미는 우리의 상상을 완전히 깨는, 아주 젊고 아름다운 모습입니다. 이 파격적인 삼신할미는 주인공을 세상에 점지하고 보호하는 역할을 하면서 드라마를 끌어갑니다.

이렇게 우리나라 설화에 삼신할미가 있듯 그리스신화에도 삼신할미 역할을 하는 여신이 있습니다. 클로토Klotho라는 여신인데, 사람의 운명을 결정하는 여신입니다. 클로토는 인간의 생명을 관장하는 실을 관리하는 여신이라 합니다. 이 운명의 여신 이름을 따서 우리 몸의 우리 수명을 조절해 주는 유전자를 'KLOTHO 유전자KL-VS'라 부릅니다.

최근 인간의 평균수명이 늘어나면서 육체의 노화는 물론 뇌 기능의 노화에도 관심이 높아졌습니다. 통계에 따르면 71세 이상의 미국인 약 14퍼센트가 치매 증상을 앓고 있는데, 이는 미국의 71세 이상 노인의 일곱 명 중 한 사람은 치매를 앓고 있다는 것입니다. 또 80대가 되면 치매를 앓을 위험은 두 배로 증가한다고 합니다.

그런 이유로 많은 연구자들은 장수에 관련된 유전자가 뇌의 인지 기능에 어떤 영향을 미치는지에 대해 연구하고 있습니다. 흥미롭게도 인간 수명을 조절한다고 알려진 KLOTHO 유전자를 가진 사람은 단순히 수명이 늘어나는 것 외에도 사고 능력·학습 능력·기억력과 같은 뇌의 인지 기능이 뛰어나다고 합니다. UC샌프란시스코 레니트 무케 교수 연구진은 KLOTHO 유전자가 발현하는 단백질이 뇌의 기능에 관여하는지 알아보기 위해, 유전공학 기술을 이용해 KLOTHO 단백질을 많이 만드는 쥐를 만들어 다양한 학습 능력과 기억력 테스트를 수행했습니다. 놀랍게도 이 쥐들은 보통 쥐에 비해 두 배 높은 학습 능력과 기억력을 보여 주었습니다. 연구자들은 KLOTHO 단백질이 뇌 속 신경세포의 시냅스를 강화하는 역할을 해 학습 능력과 기억력을 높여 준 것이라 설명합니다.

이 연구는 장수에 관련된 유전자와 그 유전자가 발현하는 단백질들이 단순히 수명을 연장하는 것뿐만 아니라 뇌의 기능도 저하되지 않도록 도움을 줄 가능성을 보여 준 중요한 발견입니다. 따라서 향후 오래 장수하면서도 치매와 같은 뇌 건강에 대한 위협으로부터 벗어나게 해 줄 약물 개발도 가능하지 않을까 기대해 봅니다. 이런 약물을 안전하게 사용하기에 앞서 반드시 과학적으로 확인해야 할 일이 하나 있습니다. 그건 KLOTHO 유전자를 가지지 못한 사람보다 KLOTHO 유전자가 있는 사람이 더 오래 사는 것은 사실이나, 놀라운 것은 KLOTHO 유전자를 가진 사람 중에도 이 유전자를 두 배 더 가진 사람은 오히려 수명이 더 짧다는 사실입니다. 따라서 동물실험에서 KLOTHO 단백질을 많이 만드는 것이 인지 기능을 향상시키는 데 기여한다는 사실은 중요한 발견이지만, 수명 연장에 대한 효과는 좀 더 면밀하게 검증되어야 할 것입니다.

상상력을 발휘해 보자면, 클로토 여신은 단순히 사람에게 생명만 주는 것이 아니라 인지 능력도 함께 주는 것 같습니다. 우리나라 설화 속 삼신할미도 우리를 세상에 점지해 주는 일 외에도 곁에서 우리가 지혜로운 삶을 살도록 지켜 주고 있지는 않을까요?

국민 소원
일곱 개만 들어주세요

민주주의는 선거를 통해 국민의 대표를 선발합니다. 국민의 대표로 선발되기 위해 후보자들은 짧은 선거 유세 기간 안에 유권자들의 마음을 사로잡기 위해서 많은 매력적인 공약을 제시합니다. 그런데 이상하게도 선거가 끝난 지 얼마 지나지 않아도 많은 유권자들은 후보들이 그렇게 목이 쉬어라 열심히 강조한 공약들을 잘 기억하지 못합니다. 더구나 기억하고 있는 공약들조차 유권자들마다 조금씩 다릅니다.

왜 이런 일들이 일어나는 것일까요? 이는 1956년 미국 인지심리학자인 조지 밀러 교수의 논문 '마법의 숫자 7±2'에서 그 답을 찾을 수 있습니다. 밀러 교수는 여러 가지 실험을 통해 인간의 단기 기억이 정보를 처리하는 데 용량의 한계가 있다는 것을 발견했고, 이 현상을 마치 좁은 운하를 한꺼번에 통과할 수 있는 배가 일정한 수를 넘지 못하는 현상에 빗대어 채널 용량Channel capacity이란 개념을 제시했습니다.

밀러 교수의 연구에서 밝혀진 바에 따르면 인간이 정보를 처리하는 능력의 한계는 대략 5~9 사이의 정보량, 즉 7±2 정도의 정보량이라 합니다. 즉 우리 뇌는 이 용량을 초과하는 정보량은 처리하지 못하고, 처리되지 못한 정보는 결국 우리 뇌에 남아 있지 못하는 것입니다. 지도 이 이론을 테스트해 보고자 고등학교 때 열심히 암기했던 원주율을 기억해 보았는데, 정말 신기하게도 일곱 자리인 3.14195까지만 기억이 났습니다.

이처럼 우리 뇌는 정보를 처리하는 데 한계를 가지고 있어, 아무리 아름다운 공약이라도 후보자들이 100여 개씩 한꺼번에 제시하면 유권자들은 자신의 관심을 끈 대략 일곱 개의 공약만 기억하고 나머지는 기억을 하지 못합니다. 실제 여러분들도 본인이 열렬히 지지했던 후보의 공약 중에서 기억나는 것을 한번 떠올려 보세요. 아무리 많아도 열 개를 넘지 못하는 것에 깜짝 놀랄 것입니다. 또 기억해 낸 공약들을 종이에 적어 보면 그 공약이 대부분 일곱 자 내외의 슬로건이라는 것도 알아차리게 될 것입니다. 저도 2017년 대통령 선거 공약에서 가장 기억에 남는 것은 일곱 자로 구성된 공약 캠페인인 '치매 국가 책임제'입니다. 이를 만약에 '국가가 끝까지 치매를 책임지는 복지국가'라고 캠페인을 했다면 그 공약은 이렇게 강렬한 기억으로 뇌리에 남아 있지는 못했을 것입니다.

밀러 교수의 '마법의 숫자 7±2' 이론은 선거공약뿐만 아니라 실제 우리 생활 곳곳에서 활용되고 있습니다. 여러분이 매일 접하는 가장 흔한 예는 전화번호입니다. 전화번호는 지역 번호를 제외하면 보통 일곱 내지 여덟 자리 숫자입니다. 그렇기 때문에 전화번호를 외우는 것이 아주 어렵지는 않지만 이보다 긴 숫자는 외우기가 그리 쉽지 않습니다. '마법의 숫자 7±2' 이론을 활용하면, 우리의 생활을 편하게 할 수도 있습니다. 정보를 의미 있는 뭉치로 만들어 기억하는 습관chunking을 익히는 것입니다. 그리고 그 뭉치 속 데이터는 7±2 정도의 정보량 뭉치가 되도록 하는 것입니다. 혹시 영어 때문에 고생하는 학생들이 있다면 이러한 뇌의 단기 기억 원리를 이용하는 것도 가능합니다. 대부분 학생들은 영어 공부를 할 때 단어를 외우고 문법을 공부해 영어로 말하고 글을 씁니다. 그런데 영어책을 읽으면서 서너 단어로 구성된 숙어를 익히고 이를 기억 뭉치로 만들어 두고 활용하면 영어 능력이 쑥쑥 향상되는 것을 경험하게 될 것입니다.

선거기간 중에 우린 수없이 많은 가슴 설레는 공약을 듣게 됩니다. 후보들은 그중 적어도 우리 국민 모두에게 가장 간

절한 소망이 담긴 공약 일곱 개는 꼭 달성해 주기 바랍니다. 그
럼 우리 국민들은 그 업적은 절대로 잊지 않을 것입니다.

한석봉 어머니의
뇌 기반 학습법

대한민국의 교육열은 세계 최고 수준입니다. 대한민국이 세계에서 원조를 받다가 원조를 하고 있는 유일한 국가가 된 원동력도 바로 사람에 대한 투자, 즉 뜨거운 교육열 덕분이란 분석도 많습니다. 그래서 우린 어릴 때부터 자식을 훌륭하게 키운 어머니의 이야기를 많이 듣고 자랐습니다.

그중에서 백미는 아마도 한석봉 어머니의 신기에 가까운 어둠 속 떡 썰기 일화일 것입니다. 떡 장사를 하며 어렵게 글씨 공부를 시킨 어머니가 너무 그리워 10년 만에 집을 찾은 한석봉은 어둠 속에서 엉망으로 글씨를 쓴 자신과 달리 그림같이 가지런하게 떡을 썰어 놓은 어머니의 실력을 보고 크게 깨달음을 얻죠. 그리고 다시 돌아가 10년간 더 글씨 공부에 정진하여 결국 조선 최고의 명필이 됩니다. 그날 한석봉 모자와 같은 방에 있지는 않았지만 한석봉의 어머니가 생활의 달인처럼 능숙하고 빠르게 떡 써는 모습을 보여 준 것이 아니라 가지런하게 떡 써는 것이 매우 어렵다는 것을 보여 주지 않았을까 생각합니다. 왜 냐하면 우리 뇌는 매우 싫증을 잘 내는 기관이라 남이 쉽게 하는 것을 보면 별로 따라 하고 싶어 하지 않기 때문입니다. 이런 뇌의 특성 때문에 남이 힘들게 성취하는 것을 보면 도전 욕구가 더 생기고 한두 번의 실패에는 개의치 않고 더욱 그 일에 매달리게 됩니다.

2017년 이런 뇌의 특성에 관한 논문이 하나 발표되었습니다. 미국 MIT 뇌·인지과학과의 로라 슐츠 박사 연구진이 《사이언스》지에 발표한 연구 내용에 따르면 어린아이는 어른이 힘들게 성취하는 것을 보면 더 열심히 따라 하는 경향이 있다고 합니다. 실험은 15개월 어린이를 두 그룹으로 나눠 한 그룹은 보모가 상자 안의 장난감을 꺼내는 시범을 보여 주며 여러 번을 시도해, 꺼내는 일이 많이 어려운 것처럼 행동하다가 결국 성공하는 것을 보여 주었고, 다른 그룹은 보모가 굉장히 쉽게 장난감을 바로 꺼내는 모습을 보여 주었습니다. 그리고 어린이에게 좀 더 복잡한 음악 소리가 나는 장난감을 나눠 주고 놀게 하며 관찰했더니, 어른이 시범에서 어렵게 성공하는 것을 본 그룹의 어린이는 장난감에 집중하며 더 열심히 가지고 노는 것을 볼 수 있었고, 어른이 쉽게 성공하는 것을 본 그룹은 장난감을 잠시 가지고 놀다가 이내 흥미를 잃어버리는 것을 발견했습니다. 이는 우리 어른이 어떻게 하는가에 따라 새로운 것을 학습할 때 어린 학생의 집중력이나 지구력이 달라질 수 있음을 보여 줍니다.

　　사실 많은 교육학자는 학생의 장기적인 학업 성취도는 흔히 말하는 IQ와 같은 지능도 중요하지만 그보다 얼마나 학생이 집중력을 가지고 꾸준히 학습을 하는가에 달려 있다고들 합니다. 이번 MIT 연구진의 연구 결과는 15개월 어린이를 대상으로 한 연구라 학생에게 적용하기는 다소 무리지만 그래도 학생들이 집중력을 가지고 꾸준히 노력하는 것은 결국 우리 어른이 하기 나름이라는 것을 보여 준 것이라 생각합니다. 그래서 어린 시절 많이 읽는 위인전을 보면 유독 어려움을 극복한 이야기가 많은가 봅니다. 그런 이야기를 통해 우리 뇌는 자신이 추구하는 것에 대한 집중력과 꾸준한 도전 의지를 동시에 자극받게 되니까요. 또 요즘 말하는 '금수저'에 대한 거부감도 어쩌면 어려움 없이 무언가를 성취하는 것에 대한 우리 뇌의 본능적인 반응일지도 모릅니다.

　　아무튼 한석봉의 어머니로 대표되는 우리 부모들은 굳이 뇌과학을 전공하지 않더라도 자식의 교육에 대한 열정으로 이제야 뇌과학자들이 밝힌 뇌 기반 학습법을 이미 활용하는 지혜를 습득한 것 같습니다. 오늘, 힘들게 공부하는 자녀 곁에서 함께 시간을 보내면서 책을 정독하는 모습을 보여 주면 아이들은 더 자신의 학습에 집중하고 더 꾸준히 정진할 수 있을 것입니다. 기왕이면 독서가 조금은 힘든 듯 어깨도 좀 두드리고 눈도 깜빡거리는 모습을 보여 주면 아이들의 뇌가 자극을 받아 더 열심히 공부를 하지 않을까요?

뇌 속의 명품 시계, 생체시계

'별에서 온 그대'라는 드라마가 선풍적인 인기를 끈 적이 있습니다. 이 드라마의 주인공, 도민준은 남들과 다른 시간을 살아갑니다. 다른 사람의 짧은 순간을 그는 아주 긴 시간으로 바꿀 수 있는 능력을 갖고 있어 400년이나 살면서도 늙지 않죠. 잘생긴 외모 말고도 어떻게 이렇게 대단한 능력을 가질 수 있을까요?

그것은 도민준의 생체시계가 우리 지구인의 생체시계보다 훨씬 천천히 가기 때문입니다. 생체시계란 생물이 지구의 일주기에 맞춰 살아가도록 우리 행동과 생리작용을 조절하는 메커니즘입니다. 생체시계는 단세포생물부터 고등생물에 이르기까지 모두 갖고 있습니다. 1972년 어빙 주커 교수에 의해 동물의 생체시계에서 뇌 속 시상하부에 위치한 시각교차 위핵(suprachiasmatic nucleus, SCN)이 중요한 역할을 한다고 밝혀졌습니다. 실제 SCN이 손상되면 생체리듬에 대한 타이밍이 파괴되어 규칙적인 수면과 기상이 불가능해집니다.

또한 SCN은 외부 환경, 즉 빛에 가장 많은 영향을 받기도 하는데, 이 때문에 우리는 타국으로 여행을 가면 시차로 고생을 하는 것이죠. 밤이 되면 분비되어 잠을 유도하고, 아침이 되면 분비가 줄어 잠을 깨우는 멜라토닌이란 우리 몸속 호르몬도 생체시계 작동에 중요한 역할을 하는데, 우린 이러한 생리작용을 이용해 타국으로 여행을 갔을 때 멜라토닌을 복용하고 시차를 극복하기도 합니다. 단순히 수면뿐 아니라 우리 몸의 많은 생명현상은 생체시계의 영향을 받고 있습니다.

2016년 《셀 Cell》지에 발표된 이스라엘 와이즈만연구소의 에란 엘리나브 박사의 연구 결과에 따르면, 생체시계에 따라 장 속의 박테리아 구성비가 바뀐다고 합니다. 즉 생활리듬이 바뀌면 이러한 장 속 박테리아의 생체리듬이 바뀌어 비만 위험이 커질 수 있다는 것입니다. 그러니 야간 교대 근무나 잦은 해외 출장으로 생활리듬이 자주 바뀌는 사람은 그만큼 살이 찌기 쉽다는 것이죠. 단순히 교대 근무나 해외 출장이 아니더라도 야식을 즐기면 이 또한 장의 생체리듬을 바꾸어 비만이 될 확률이 훨씬 높아질 수도 있습니다. 바꿔 말하면 식사 시간을 잘 지키기만 해도 비만의 위험으로부터 조금은 벗어날 수 있는 것입니다.

보통 방학이 시작되는 첫날, 학생들은 비현실적인 생활 시간표를 만듭니다. 그런데 생체시계는 우리 몸의 많은 생리작용을 조절하므로 생체시계를 이용하면 매우 효율적인 방학 중 생활 시간표를 만들 수 있습니다. 대한임상약리학회에서 발표한 우리 몸의 하루 동안의 생명현상 변화에 따르면 아침 7시 체온과 맥박이 상승하고, 아침 10~11시 사이는 단어 암기력이 15퍼센트 증가하며, 12시쯤 창조력, 관찰력 등 업무 능력이 최고조에 달한다고 합니다. 또 오후 3~4시는 운동하기 가장 좋은 시간이며, 동시에 장기 암기력이 향상되는 시간이라고 합니다. 오후 8시 소화작용이 증가하고, 오후 10시가 되면 일 수행력이 떨어지고 청각 감각이 가장 예민해진다고 합니다.

그러니 건강한 겨울방학을 보내려면 생활 시간표는 다음과 같이 짜 보면 좋을 것 같습니다. 아침 7시쯤 기상해 아침을 먹고 10시쯤 영어 단어 암기를 집중적으로 하고, 11시부터 12시까지 창의력이 필요한 수학과 과학을 열심히 공부하며, 오후 3~4시는 간단한 운동으로 체력을 보강하면서 오래 기억해 두어야 할 내용들을 복습합니다. 늦어도 7시에는 저녁을 먹어야 소화가 잘되어 편한 밤을 보낼 수 있습니다. 밤 10시 이후는 일 수행력이 떨어지므로 자신의 미래에 필요한 책을 읽거나 하루 공부를 정리하는 노트를 작성하면서 잠자리에 들 준비를 해야겠죠? 밤에는 모두 청각신경이 예민해지니 함께 사는 주민들을 위해 층간 소음을 줄이도록 음악 소리를 낮추는 센스도 필요할 것입니다. 이렇게 방학을 보내고 나면 아마 놀라운 미래가 기다리고 있을 것입니다. 어쩌면 도민준 같은 멋진 사람이 될지도 모르죠.

마지막으로 학생들을 위한 퀴즈! 앞으로 지구 자전이 더 느려지면 우리 생체시계는 어떻게 변할까요? 정답은 하루의 주기가 길어지는 방향으로 진화해 우리 생체시계는 24시간이 아니라 28시간 혹은 그 이상으로 늘어나게 됩니다.

향이 좋은 꽃은
뇌도 좋아한다

소행성 B-612에 사는 어린 왕자가 소중하게 가꾼 장미꽃 한 송이는 모습이 아름답기도 하지만 그 향기 역시 매우 좋습니다. 여러분은 꽃을 가만히 바라보다가 문득 내가 이 꽃을 아름답다고 생각하는 것은 정말 이 꽃이 아름답기 때문일까 아니면 이 꽃의 향기가 좋아서 아름답다고 느끼는 것일까 궁금했던 적은 없나요? 향기를 연구하는 저 같은 뇌 연구자에게 이 질문은 매우 흥미롭습니다. 최근 미국 펜실베이니아주 필라델피아에 위치한 모넬화학감각연구소에서 발표한 연구 결과에 따르면 꽃은 향기가 좋아야 보기에도 좋다고 느낀다고 합니다.

  최근 연구에 따르면 사람들은 향기 경험을 통해 어떤 특정한 결정을 내리거나 특정 행동을 하게 된다고 합니다. 향기를 맡은 후에 드는 감정에 따라 우리 뇌가 내리는 결정이나 행동이 다르다는 것이죠. 예를 들면 좋은 향기를 맡고 그 후에 보는 사물에 대해 긍정적인 평가를 내릴 가능성이 높고, 불쾌한 냄

새를 맡고 그 후에 보는 사물에 대해 부정적인 평가를 내릴 가능성이 높다는 것입니다. 이렇듯 향기는 우리에게 감정적 결정을 하도록 만드는 경향이 있습니다.

그런데 흥미롭게도 이런 향기에 의한 감정적 결정은 5세 미만의 어린이에게는 나타나지 않는다고 합니다. 모넬화학감각연구소의 실험은 3세에서 7세 어린이 140명을 대상으로 진행되었습니다. 어린이들에게 아무 향이 나지 않는 병과 장미 향기와 생선 냄새가 각각 담긴 병을 주고 향을 맡도록 했습니다. 향을 맡고 나서 바로 컴퓨터 모니터 화면 속에 나타난 두 가지 표정 사진 중에 하나를 선택하도록 했습니다. 화면 속의 표정은 동일한 사람이 지은 행복한 표정과 언짢은 표정이었습니다. 어린이가 화면 속의 표정을 선택하면, 연구자들은 어린이에게 맡은 향이 좋았는지 싫었는지를 물어보았습니다. 5세 미만 어린이들은 맡은 향과 무관하게 대개 행복한 표정의 얼굴을 선택하는 경우가 많았습니다.

반면 5세 이상 어린이들의 경우, 장미 향기를 맡은 아이들이 행복한 표정의 얼굴을 선택하는 경우가 더 많았고, 생선 냄새를 맡은 아이들은 언짢은 표정의 얼굴을 선택하는 경우가 많았습니다. 즉 5세 넘는 아이들에게는 자신이 경험한 향이 어떤 표정의 얼굴을 선택할지에 영향을 미친다는 것을 말해 주며, 이는 결국 사람들은 자신의 향기 경험에 따라 감정적 결정을 한다는 것을 보여 준 것입니다. 그러니 보기 좋은 떡이 먹기 좋은 것이 아니라, 향이 좋은 떡이 보기도 좋고 맛도 좋다고 느낄 가능성이 높은 것이죠.

　　이 연구 결과에서 흥미로웠던 것은 실험 결과가 5세라는 나이(한국 나이로는 6~7세)에 따라 다르다는 것이었습니다. 아이를 키우는 부모 모두가 공감하는 말이 아마도 '미운 일곱 살'이겠죠. 그동안 말을 잘 듣고 사랑스럽기만 했던 내 아이가 7세가 되니 갑자기 사사건건 토를 다니 미워지는 마음이 생기는 것이죠. 사실 이 시기는 어린이의 뇌 발달이 활발해지고, 자아가 형성되는 시기입니다. 또한 자신만의 사회성이나 도덕적 기준이 형성되는 시기이기도 합니다. 그렇기 때문에 아이들은 더 이상 부모님에게 순종만 하지 않고 자신의 의사를 적극적으로 표현하게 됩니다,

　　그런데 이런 변화에 익숙지 않은 부모들은 아이가 부모에게 반항을 한다고 생각하는 것입니다. 이때 현명한 부모들

은 위 연구 결과를 활용해 아이들의 방에 좋은 향이 나는 디퓨저를 놓거나 향이 좋은 간식을 마련할 것입니다. 그러면 미운 일곱 살 내 아이들이 부모에게 하던 말대꾸를 줄이지는 않더라도 적어도 스스로의 미래에 도움이 되는 행복한 결정을 하겠죠?

생각이 많으면
악기를 못 배운다

제가 존경하는 석좌교수께서 난생 처음 색소폰 레슨을 받기 시작했다는 이야기를 들려주었습니다. 칠순이 넘은 분이 여전히 왕성하게 학술 활동을 하는 모습만으로도 존경스러운데, 새로 악기까지 배운다고 하니 멈추지 않는 탐구열에 다시 한 번 놀라고 또 더 존경스러웠습니다.

사실 저도 얼마 전 버킷 리스트 중의 하나인 드럼을 배우기 시작했습니다. 상상 속의 모습은 학창 시절 우상이었던 밴드 '키스Kiss'의 드러머 피터 크리스가 혀를 쭉 내밀고 'I was made for loving you'를 부르는 멋진 모습이었는데, 정작 현실 속의 제 모습은 스틱을 계속 떨어뜨리고 엇박자로 음악을 망치면서 지쳐서 혀를 쭈욱 내밀고 있는 전형적인 '박자치' 모습입니다. 나이가 들어 새로 악기를 배우는 것은 왜 이렇게 힘든 걸까요? 가만 보면 아이들은 새로 악기를 배울 때 어른들에 비해 참 쉽고 빠르게 배우는 것 같습니다. 아이들의 뇌가 어른들의 뇌보다 뛰어나기 때문일까요?

　　그런데 최근 뇌 연구를 통해 밝혀진 사실은 그와 반대입니다. 새로 악기를 배우는 동안 뇌 속에서는 많은 활동이 일어납니다. 악기를 능숙하게 다루기까지의 학습 과정 동안 뇌 속에서는 두 가지 업무 처리 과정이 일어납니다. 이 두 가지 과정은 자동적 처리 과정automatic processing과 의식적 처리 과정conscious processing으로 구분할 수 있습니다. 뇌에서 자동으로 처리하는 일은 자주 반복해서 따로 의식하지 않아도 쉽게 하는 일입니다. 반면 의식적 처리를 하는 일은 뇌의 인지 활동을 필요로 해 주의를 집중해야 할 수 있는 일입니다.

　　특별한 경우 이 두 과정이 뇌 속에서 충돌하게 되는데, 대표적인 예는 스트루프 효과Stroop effect입니다. 이 효과를 최초로 보고한 존 스트루프 박사의 이름을 딴 것으로, 빨간색으로 쓰인 '빨강'을 읽고 말할 때보다 노란색으로 쓰인 '빨강'을 읽고 말할 때 시간이 더 걸리거나 잘못 말하는 경우가 많아지는 현상을 말합니다. 즉 스트루프 효과란 어떤 주어진 과제에 대한 반응 시간이 주의에 따라 달라지는 효과입니다. 우리는 평소 단어 읽기를 반복하므로 빨간색의 '빨강'이란 단어를 말하는 것은 뇌가

자동적으로 처리하는데(단어를 읽는 작업), 갑자기 노란색으로 보이는 '빨강'이란 단어를 '빨강'이라 말하려면 주의력이 필요한 의식적 처리 과정(단어의 색상을 말하는 작업)을 거치므로 좀 더 시간이 많이 걸리는 것입니다.

우리가 악기를 새로 배울 때도 자동적 처리 과정과 의식적 처리 과정 간의 갈등을 경험합니다. 뇌가 자연스럽게 처리하는 자동적 처리 과정이 주도를 해야 악기를 배우는 데 시간과 노력이 절약될 텐데, 어른의 뇌는 악기를 배우는 와중에도 끊임없이 뭔가 계획을 세우고 행위 하나하나에 의미를 부여하며 이런저런 복잡한 의식적 처리 과정으로 바빠 더 많은 시간과 노력을 필요로 합니다.

우리 뇌에서 이러한 의식적 처리를 담당하는 곳은 바로 대뇌전두피질anterior cingulate cortex인데, 이 부분은 우리 뇌의 발달 과정에서 가장 늦게 완성되는 곳입니다. 아마도 이런 이유로 아이들이 새로 악기를 배울 때 시간이 덜 걸리는 모양입니다.

최근 미국 UC산타바바라의 스코트 그래프턴 교수에 의하면 악기 배우는 일 외에도 새로운 것을 배우는 데 생각이 많으면 시간이 더 오래 걸린다고 합니다. 그래프턴 교수 연구진은 새로운 것을 배울 때 뇌 속 대뇌전두피질의 활성이 낮은 사람들이 높은 사람들에 비해 시간이 훨씬 덜 걸린다는 것을 발견했는데, 즉 어떤 일을 할 때 너무 생각이 많으면 필요하지 않은 부분의 뇌까지 활성화시켜 일은 일대로 신행이 잘 안 되고 시간만 더 걸린다는 것을 의미합니다. 어쩌면 선현의 말씀처럼 가장 단순한 것이 참 진리인지도 모르겠습니다. 저도 오늘부터 생각을 비우고 아이의 마음으로, 아니 아이의 뇌로 돌아가 드럼 앞에 앉아 봐야겠습니다. 그럼 조만간 피터 크리스처럼 드럼을 치게 될까요, 아님 또 이런 쓸데없는 생각 때문에 더 오랫동안 드럼 박자치로 남게 될까요.

거짓말 같은
커다란 뇌

만우절이면 주변 사람들과 악의 없는 거짓말을 주고받으며 한바탕 웃음꽃을 피우게 됩니다. 저도 만우절에나 들어봄 직한 거짓말 같은 이야기를 하나 할까 합니다. 많은 분들이 머리가 크면 머리가 좋을 것이라 생각합니다. 그러나 아인슈타인 박사 사후 그의 뇌를 검사해 보니 보통 사람 뇌의 용량인 1.35킬로그램에 못 미치는 1.23킬로그램으로 밝혀져, 이후 사람들은 뇌의 크기와 지능은 별로 큰 상관관계가 없다고 여기고 있습니다. 우리 주변을 둘러보면 컴퓨터가 부피만 크다고 좋은 성능을 보장하는 것은 아니고 도리어 혁신적인 기술로 반도체가 집적된 컴퓨터가 크기는 작아도 오히려 성능은 훨씬 뛰어난 경우가 많습니다. 이처럼 아인슈타인 박사는 어쩌면 다른 사람들과 달리 고성능 신경세포가 초집적된 뇌를 가지고 있어 다른 사람들의 능력을 뛰어넘는 일들을 하는 것이 가능했는지도 모르겠습니다.

그러나 이런 사실에도 불구하고 동물 간 뇌의 크기를

비교해 보면 대체로 고등동물의 뇌가 하등동물의 뇌보다 큰 것은 사실입니다. 이에 아직도 많은 사람들은 간단하게 동물 간의 지적 능력을 추정할 때는 머리 크기로 가늠하는 방법을 씁니다. 사실 머리가 크다는 것은 두개골이 큰 것이고 속의 내용물인 뇌역시 클 가능성이 높습니다. 따라서 원시인의 두개골 화석을 발견하게 되면 당시 인류의 뇌 크기를 유추해 볼 수 있고 이를 바탕으로 그 당시 인류의 지적 능력 수준을 상상해 볼 수 있습니다.

오늘 소개할 두개골 화석의 주인공은 우리가 잘 알고 있는 네안데르탈인·베이징원인·크로마뇽인과는 달리 인류 역사에서 잘 다뤄지지 않은 생소한 인류입니다. 1913년 아프리카의 한 마을인 보스콥에서 농부 두 사람이 두개골 화석 하나를 발견합니다. 이 화석은 남아프리카 포트엘리자베스 박물관에 보관됩니다. 이후 이 박물관의 관장 프레더릭 피츠시몬스 박사는 이 두개골 화석에 커다란 호기심을 느끼고 연구를 꾸준히 진행하여 '보스콥인'이란 이름으로 이 두개골의 주인을 세상에 처음으로 소개합니다.

연구를 통해 밝혀진 보스콥인은 현 인류 정도의 키를 가졌을 것으로 추정되며, 뇌의 크기는 대략 1.8~1.9킬로그램으로 현 인류에 비해 30퍼센트 정도 더 큰 뇌를 갖고 있었을 것으로 추정됩니다. 즉 이 모습을 상상해 보자면 우리 인류의 모습인데 머리가 다른 사람에 비해 30퍼센트 정도 큰 모습인 것이죠. 많은 학자들은 이 보스콥인이 뇌는 컸지만 현 인류에 비해 지적 능력이 떨어져 멸종이 되었거나, 지적 능력이 뛰어났지만 그들이 살던 약 1만~3만 년 전의 세상은 단순히 지적 능력만 좋은 종이 살아남는 것이 아니라 육체적 능력이 뛰어난 종이 살아남는 약육강식의 시대였기 때문에 멸종이 되었을 것이라 이야기합니다.

뇌 연구자로서 저의 궁금증은 이 보스콥인의 역사가 신화로라도 우리에게 전혀 남아 있지 않다는 것입니다. 혹시 보스콥인들은 뇌의 용량은 컸지만 언어를 사용하는 현 인류와 달리 언어를 사용하는 지능은 갖지 못해 그들의 문명을 역사의 흔적으로 남기지 못한 것은 아닐까요? 아니면 우수한 문명을 이룩했지만 무슨 이유로든 어느 한 순간 소리 소문도 없이 지구에서 사라져 버린 것일까요? 저에게 보스콥인은 언젠가 타임머신이 만들어지면 찾아가 만나 보고 싶은 사람입니다. 어쩌면 우리 주변에 머리가 큰 보스콥인의 후예가 남아 있을지도 모르죠.

오늘 제가 전해드린 보스콥인의 커다란 뇌 이야기는 아직 학계에서 논란이 많은 내용입니다. 그러니 믿고 싶지 않으면 그저 저의 악의 없는 거짓말로 여기고 활짝 웃으시기 바랍니다. 여러분의 웃음 크기만큼이나 치매를 물리치는 여러분 뇌의 행복 회로도 함께 활성화되니까요. 이건 진짜 거짓말이 아닙니다!

천재의 제자

매년 5월 15일은 스승의 날입니다. 군이 스승의 날이 아니더라도 선생님의 중요성은 강조할 필요가 없을 것입니다. 역사적으로 우리가 아는 천재도 처음에는 모두 미숙한 영재였지만 그들 인생의 가장 중요한 시기에 좋은 선생을 만나 그 영재성을 꽃피웠습니다. 뇌과학 분야에도 훌륭한 스승과 유명한 제자에 얽힌 유명한 이야기가 있습니다. 미국 존스홉킨스대학교 의과대학 신경과학과를 창설한 솔로몬 스나이더 교수와 그 스승들의 이야기입니다.

스나이더 교수는 세계 뇌과학 발전에 커다란 기여를 한 연구자로, 1980년 전 세계에서 처음으로 뇌과학 분야 전문학과를 설립했습니다. 이후 27년간 학부장직을 수행하면서 전세계 뇌과학 연구의 기반을 확립했고, 학부장직을 떠나던 2006년 존스홉킨스대학교 의과대학은 그 공로를 기리기 위해 '신경과학과'의 이름을 '솔로몬 스나이더 신경과학과The Solomon H.

Snyder Department of Neuroscience'로 개명할 정도였습니다. DGIST 뇌과학전공 개설 당시 스나이더 교수의 제자로 존스홉킨스대학교 의과대학의 신경과학과 설립에 기여한 가브리엘 로네트 교수를 초대 학과장으로 모셔 세계 최고 신경과학과의 교육과 연구 프로그램의 역사와 노하우를 전수했습니다.

뇌 연구 분야에서 스나이더 교수의 가장 대표적인 업적은 1970년대 뇌에서 아편성 수용체opioid receptor를 발견해 신경전달물질 수용체 연구의 전성시대를 연 것입니다. 1970년대 미국 정부는 베트남전쟁에 참전한 젊은이들이 전쟁에 대한 공포와 참상을 감당하지 못하고 상당수가 마약에 중독된 사실에 놀라 '약물과의 전쟁'을 선포합니다. 이때 약물 중독을 해결할 수 있는 아편성 수용체를 찾아낸 스나이더 교수 연구진의 성과는 약물중독 프로그램을 개발하는 데 가장 중요한 단서를 제공했으니 그야말로 적기에 사회문제를 해결한 성과였습니다.

스나이더 교수는 연구자 초기에 이렇게 훌륭한 신경전달물질 전문가로 성장하는 데 가장 큰 영향을 미친 한 스승을 만납니다. 1970년 세계 최초로 신경전달물질의 발견과 작용 메커니즘을 밝힌 공로를 인정받아 노벨 생리·의학상을 수상한 줄

리어스 액설로드 박사입니다. 의사가 되고 싶었지만 모든 의과 대학으로부터 입학 허가를 받지 못해 뉴욕대학교의 실험실 연구자로 일하던 액설로드 박사는, 학문에 대한 열정을 놓지 않고 야간대학에서 학업을 이어 가 석사 학위를 받고 뉴욕의 한 병원에서 연구원으로 일합니다. 여기서 액설로드 박사 역시 자신의 인생을 바꾼 한 스승을 만납니다. 우리 몸에 작용하는 약물 연구의 선구자인 버나드 브로디 교수입니다. 브로디 교수는 세로토닌과 같은 신경호르몬의 기능을 연구해 항정신 질환 치료제 개발의 기반을 마련한 연구자입니다. 브로디 교수는 당시 석사급 연구원이던 액설로드 박사의 열정과 재능을 알아보고 동료 연구자로 인정해 함께 연구를 수행합니다. 그리고 자신의 약리학 연구 노하우를 전수합니다. 브로디 교수와 액설로드 박사 두 사람은 공동 연구를 통해 진통제 부작용의 한 원인을 규명하고, 훗날 대표적인 진통제인 타이레놀의 성분을 찾아내기도 합니다. 이후 액설로드 박사는 브로디 교수와의 연구를 기반으로 학위논문을 완성해 박사 학위를 받고 이후 독립 연구자의 길에 들어섭니다.

단순히 가정이지만 브로디 교수 같은 좋은 선생이 없었다면 액설로드 박사는 이후 자신의 재능을 발전시켜 노벨상 연구로 나아가지 못했을 것이고, 스나이더 교수 역시 액설로드 박사를 만나지 못했을 테니 훗날 스나이더 교수의 훌륭한 뇌과학 연구 역시 세상에 나오지 못했을 것입니다. 즉 이 세 분의 약리학자들이 서로 스승과 제자의 고리로 연결되어 신경전달물질에 대한 연구에 평생을 바친 덕을 우리가 보고 있는 것입니다. 천재라 추앙받는 뇌과학자들 역시 한때는 호기심과 열정만 충만한 한 젊은이였고, 그를 알아보는 좋은 스승을 만나 그들의 영재성을 꽃피워 인류 역사에 기여했다는 이 사실은 요즘 학문을 시작하는 학생과 이들을 가르치는 선생에게 시사하는 바가 큽니다. 갑자기 제 스승님들이 그리워집니다.

뇌과학자를 꿈꾸는
젊은이에게

한 번이라도 진지하게 뇌과학자를 꿈꾼 사람이라면 산티아고 라몬 이 카할 교수의 이름을 적어도 한 번은 들어 보았을 것입니다. 카할 교수는 스페인 출신의 신경조직학자로, 역사상 가장 위대한 뇌과학자라 할 수 있습니다. 다양한 염색법을 개발해 척추동물을 관찰하고 그린 신경계의 조직학적 구조 그림과 관찰 내용을 총정리한 저서『인체 및 척추동물 신경계통의 조직학』은 뇌과학 연구사의 최대 걸작으로, 전 세계 신경과학 교육과 연구에서 폭넓게 활용되고 있습니다. 이러한 신경계 조직의 미세구조 연구 성과를 바탕으로 1906년에 이탈리아 조직병리학자인 카밀리오 골지와 함께 노벨 생리·의학상을 수상했습니다.

그런데 흥미롭게도 같은 연구로 노벨상을 받은 이 두 석학은 신경계에 대한 생각은 완전히 다른 연구자들이었습니다. 먼저 골지 교수의 경우 신경의 돌기들은 서로 직접 이어져 그물망처럼 연결된 구조라고 주장하는 '신경그물설'을 주장했고,

카할 교수는 신경세포 하나하나가 독립된 형태·기능 단위라는 '신경세포설'을 주장하고 있었기 때문입니다. 이런 이유로 골지 교수는 노벨상 수상 기념 강연에서 카할 교수의 '신경세포설'을 부정하는 내용의 강연을 했습니다. 이후 후속 연구 결과, 결국 골지 교수가 주장하는 '신경그물설'은 오류로 밝혀졌고 현재까지 카할 교수가 주장하는 '신경세포설'이 정설로 받아들여지고 있습니다.

'신경세포설'이 성립되기 위해서는 각각의 신경세포가 서로 소통하는 '시냅스'의 존재가 필수입니다. 카할 교수가 현재는 고등학교 과학실에서나 볼 수 있는 수준의 현미경을 가지고 염색된 신경조직을 관찰해 시냅스의 존재를 발견했고, 이를 기록으로 남겼다는 사실은, 카할 교수의 연구에 대한 열정과 집념을 느낄 수 있는 증거이기도 합니다. 카할 교수는 훌륭한 뇌과학자였으며 또한 정말 훌륭한 멘토였습니다. 1898년 저술한『과학자를 꿈꾸는 젊은이에게』라는 책은 과학자가 되고자 하는 젊은이들에게 자상하고 구체적인 조언을 담은 지침서입니다. 저는 이 책을 무척 좋아하는데, 특히 이 책에서 가장 좋아하는 문구는 '각 연구자는 자신의 방식으로 문제를 풀어야 한다'입니다.

저는 아직 학생들에게 해 줄 수 있는 이보다 더 좋은 창의성에 대한 조언을 생각해 내지 못했습니다. 또 '과학자는 그자신과 조국에 명예를 가져다주는 열렬한 애국자'란 생각에서도 알 수 있듯, 카할 교수가 활약하던 시기의 스페인은 과학의 변방이었기에 자국의 젊은 과학자들에게 애국심도 상당히 강조했습니다. 그런 이유로 아직 기초과학의 변방에 머물고 있는 한국의 젊은 과학자들도 가슴에 담아 둘 만한 이야기라 생각합니다.

면밀한 '관찰의 시대'가 끝나면 직관적이며 논리적인 '해석의 시대'가 열립니다. 이제는 카할 교수와 같은 훌륭한 뇌 연구자들이 한 세기가 넘도록 뇌를 면밀히 관찰한 결과를 바탕으로 종합적인 해석을 하는 시대를 열 때가 되었습니다. 즉 이번 세기는 관찰 중심의 생물학 기반 뇌 연구에서 해석 중심의 수학과 물리학 기반 뇌 연구로 전환되는 중요한 시기입니다. 현재 세계적으로 가장 주목받는 뇌과학자인 세바스찬 승 교수가 물리학자 출신으로 현재 뇌의 수학적 이론을 연구해 뇌를 설명하고 있는 것이 바로 시대를 앞서가는 모습이라 생각합니다. 21세기는 뇌의 신비를 풀기 위한 기초과학 연구가 더 활발해지고, 또 정신노동으로부터 해방시켜주는 많은 뇌융합 기술들이 개발될 것입니다. 우리나라 젊은 학생들이 생물학만큼이나 수학과 물리학에 관심을 쏟아 '관찰의 시대'를 넘어 '해석의 시대'를 선도하는 훌륭한 뇌과학자로 성장하길 기대합니다.

향기 학습법
집중력과 기억력을 높이는 향기 효과

우리 뇌는 외부로부터 들어오는 정보를 감각기관을 통해 받아들여 먼저 '암호화(encoding 혹은 learning)'하고, '저장storage'하며 필요할 때 '리콜 혹은 회수(recall 혹은 retrieval)' 합니다. 이들 세 과정을 흔히 말하는 '기억memory'의 주요 구성 요소라 합니다. 우리 뇌에서 '기억'을 담당하는 기관은 바다 속 생물인 해마를 닮아 '해마hippocampus'라 불리는 기관입니다. 해마는 뇌의 변연계에 속해 있으며, 장기 기억과 공간 개념, 감정적인 행동을 조절합니다. 인간의 경우, 한쪽 해마는 지름 1센티미터 정도에 길이 5센티미터 정도로 보통 3~3.5세제곱센티미터 정도의 크기입니다. 이 작은 기관이 우리 일생에 일어나는 모든 일에 대한 기억을 저장하고 있어, 현존하는 어떠한 저장 장치보다도 우수한 성능을 갖고 있습니다. 그런데 흔히 우리가 일상에서 말하는 학습은 기억 구성 요소인 'learning'과는 다른 의미입니다. 일상에서 말하는 학습이란 공부한 내용을 뇌 속에 저장하고 이를 필요할 때 꺼내 활용하거나, 기존의 경험이나 정보와 비교해 새로운 지식으로 다시 저장하는 일련의 과정을 말합니다. 따라서 효율적인 학습을 위해서는 우선 처음 입력되는 정보를 잘 저장해야 하고, 필요할 때 그 정보를 정확하게 다시 꺼내는 것이 중요합니다.

사람들은 책이나 대화를 통해 학습을 하므로 보통 시각과 청각을 통해 정보를 받아들입니다. 그런데 뇌는 신기하게도 어떤 정보를 저장할 때 시각과 청각에 의한 자극과 더불어 후각 자극이 더해지면 훨씬 더 효과적으로 그 정보를 저장합니다. 따라서 이런 인간 뇌의 특성을 잘 이용하면 같은 노력으로 더 높은 학습 효과를 거둘 수도 있습니다. 실제 많은 연구 결과가 즐거움 및 이완 효과가 있는 향으로 후각을 자극한 후에 뇌를 관찰해 보면, 대뇌 피질의 전기적 활성이 증가한다는 사실을 보여 줍니다. 특히 후각과 밀접한 관련이 있는 변연계 외에도 전두엽 영역까지 활성화됩니다. 즉 향기는 단순히 인간에게 향에 대한 정보를 주거나 향에 대한 감정 경험을 제공하는 기능 외에도 기억과 같은 인간 뇌의 고등인지 활동에도 관여한다는 것을 유추해 볼 수 있습니다.

실제 이러한 향기에 대한 인간 뇌의 특별한 반응을 이용해 기억력을 향상시키고 학습 효과를 높이려는 시도가 많았습니다. 2004년 서울의 한성대학교 연구진은 한 고등학교에서 향기 자극이 학습 효과에 어떤 영향을 미치는지 실험했습니다. 실험은 로즈메리 에센셜 오일 향을 제공한 그룹과 제공하지 않은 그룹을 대상으로 국어·수학·일본어 시험을 실시하는 것으로 진행되었습니다. 그 결과, 수학 시험의 경우 향을 제공받은 그룹에서 평균 거의 5점 정도 높은 성적이 나타남을 관찰했습니다. 이는 향기를 맡으며 시험을 치른 학생들의 집중력이 강화되어 나타난 결과라고 연구진은 해석했습니다. 2017년 영국 노스엄브리아대학교의 마크 모스 교수 연구진 역시 비슷한 실험을 수행했는데, 이 연구진은 로즈메리 향을 주거나 주지 않은 두 그룹 학생들을 대상으로 기억력 테스트를 실시했습니다. 그 결과, 로즈메리 에센셜 오일 향을 맡은 그룹이 향을 맡지 않은 그룹에 비해 평균 5~7퍼센트 높은 기억력 테스트 성적을 보였습니다. 서로 다른 두 나라에서 독립적으로 수행된 실험 결과를 통해 정리해 보자면, 어떤 향의 자극은 학생들의 집중력을 강화하고 기억력 증진에 도움을 줄 수 있습니다.

사실 향이 집중력을 강화하고 기억력을 증진하는 효과

를 나타내는 것은, 향이 주는 항스트레스 효과 때문이기도 합니다. 2009년 영남외국어대학교 서지영 박사 연구에 따르면 베르가모트 향(Bergamot E.O: 감귤류의 신선하고 가벼운 꽃 향)에 노출된 청소년들을 대상으로 실시한 스트레스 점수·불안·신체 증상·호흡·맥박·타액 내 코티졸 측정 등의 여러 가지 검사에서, 스트레스 정도 및 반응이 유의미하게 완화된 것을 확인했습니다. 즉 베르가모트 향은 학생들의 스트레스를 완화해 집중력을 높이고 기억력을 향상시켜 학습 효과를 증진하는 데 도움이 된다는 것을 유추할 수 있습니다. 실제 이런 향의 항스트레스 작용을 활용해 학생들의 학습 환경을 개선하는 데 활용한 예도 있습니다. 연세대학교 박태선 교수 연구진은 그간 식물에서 추출한 향을 주로 연구했는데, 이 연구실에서 개발된 향 조성물은 스트레스 호르몬인 코티졸 발현 감소와 신경전달물질 세로토닌 발현 증가 효과를 보였습니다. 즉 이 향 조성물은 스트레스를 완화하는 효과는 물론 기억과 학습에 관여한다고 알려진 신경전달물질인 세로토닌 증가 효과까지 제공한 것입니다. 이런 연구 결과를 기반으로 이 향 조성물이 기억력 향상과 학습에도 효과가 있을 것이란 연구 결과를 발표했고, 현재 이 향 조성물은 연세대학교 도서관에 비치되어 학생들의 학습에 도움을 주고 있습니다.

그런데 모든 향기가 기억과 학습 향상에 도움을 주는 것은 아닙니다. 2011년 한국 남자고등학교를 대상으로 한 연구에 따르면, 남학생들이 몰려 있는 교실에서 흔히 경험하는 대표적인 악취인 발 냄새·땀 냄새·쉰 냄새·머리 냄새 등에 노출되면 학생들의 뇌 속 이완 상태를 보여 주는 알파파는 감소하고 각성이나 스트레스 상태를 보여 주는 베타파와 불안 및 흥분 상태를 보여 주는 감마파가 활성화되는 것을 발견했습니다. 즉 악취는 우리를 과도한 각성이나 긴장 상태에 빠지게 해, 연세대학교 박태선 교수 연구진이 개발한 향 조성물과는 반대로 스트레스를 높이고 세로토닌 분비를 저해해 집중력을 떨어뜨리고 학습 효과를 낮출 것임을 암시합니다.

향기는 우리 뇌 상태를 안정시켜 집중력을 높여 학습 능력을 향상시킬 수도 있고, 반대로 뇌를 각성과 흥분 상태로 몰아가 집중력을 떨어뜨려 학습 능력을 저하시킬 수도 있습니다. 학습 능력이 저하되면 당연히 기억력도 저하됩니다. 따라서 좋은 향을 맡는 것도 중요하지만 악취로부터 우리를 보호하는 것도 향기를 활용한 좋은 학습 환경 조성에 매우 중요합니다.

2장

관계의 뇌과학

화성 남자,
금성 여자?

1990년대에 『화성에서 온 남자, 금성에서 온 여자』란 책이 베스트셀러가 된 적이 있습니다. 남녀 간의 차이를 우주 멀리 떨어진 행성 간의 차이로 은유한 책입니다. 이 책을 읽은 여자들은 여자들의 관점에, 남자들은 남자들의 관점에 격하게 공감하죠. 결국 책을 끝까지 읽은 독자들은 남녀가 다르다는 것에 호감을 갖고, 또 그 다름에 서운해한다는 것을 깨닫게 됩니다.

그럼 이런 차이는 어디서 오는 것일까요? 당연히 남녀의 뇌 구조가 다르고 그로 인해 생각하는 방식에 차이가 있기 때문입니다.

사람의 뇌를 들여다보는 뇌영상 기술의 발달로 여러 가지 흥미로운 결과를 얻게 되었는데, 펜실베이니아대학교 의과대학의 라지니 베르마 교수 연구진의 2013년 뇌 연결망 구조 차이를 관찰한 연구 결과에 따르면, 여자의 뇌는 대뇌의 좌우 '반구 간 연결'이 발달하고 소뇌의 좌우 반구 간 '내부 연결'이 발달해 있으며, 남자의 경우 대뇌의 반구 내부의 연결 구조가 발달하고 소뇌 좌우 반구 간의 연결 구조가 발달해 있다는 것을 발견했습니다.

이는 여자는 집중력을 요하는 작업, 언어능력, 사회적 인지 등에서 남자보다 더 나은 성취를 할 가능성이 높으며, 남자는 공간 처리와 운동에서 더 우수한 성취를 할 가능성이 높다는 것을 말해 줍니다. 쉽게 풀어 보면 남녀 뇌의 구조상 여자와 남자가 말다툼을 해서 남자가 이길 확률이 매우 적다는 것이며, 여자가 상대적으로 운전이나 주차에서 어려움을 겪는 것도 이러한 뇌의 구조 차이 때문이라는 것이죠.

또한 캘리포니아주립대학교 의과대학의 루안 브리젠딘 교수의 『여성의 뇌The Female Brain』라는 저서를 보면, 여자는 남자의 3배 가까이 말을 한다고 합니다. 이는 여자의 뇌는 감정과 기억을 담당하는 부위가 남자의 뇌에 비해 큰 구조를 갖고 있는 것과 연관이 있다고 합니다. 남자의 경우 하루 약 2000개 단어를, 여자의 경우 약 7000개 단어를 말한다고 합니다. 즉, 남자는 회사에서 업무를 마치고 나면 하루 동안 할 분량의 단어를

다 소진한다는 것이죠. 그래서 경상도 남자들은 집에 오면 "밥 줘! 아는? 자자!" 세 마디밖에 할 말이 남아 있지 않은 것인지도 모르겠습니다. 반면 여자들은 자신의 감정을 모두 표현해야 하므로 남자들보다 훨씬 더 많은 이야기를 하게 됩니다. 아마 대부분의 남편들이 아내를 가장 이해하지 못하는 예를 하나 보면, 두 시간이나 동창과 통화를 하고 나서 끊기 직전에 아내가 "응, 나머지는 만나서 다시 이야기해"라고 할 때일 것입니다.

여성에게서 볼 수 있는, 자신과 타인의 감정을 소중히 하는 뇌의 기능은 여성호르몬인 에스트로겐이나 '엄마 호르몬'으로 알려진 옥시토신의 영향입니다. 나이가 들면서 이들 호르몬의 분비가 줄어들면 여성은 타인의 감정보다는 자신에게 집중을 하게 됩니다. 이러한 뇌의 변화가 어쩌면 젊은 날 가족을 위해 헌신하던 아내와 어머니가 갑자기 남편에게 황혼 이혼을 요구하고 자식들에게 독립을 요구하는 이유가 될지도 모르겠습니다. 자신의 감정 표현에 서툴고 그래서 타인의 감정에 무관심한 남자, 자신과 타인의 감정에 민감한 여자. 이는 서로의 뇌 구조의 차이일 뿐, 얼굴은 다르지만 서로 사랑할 수 있는 것처럼 서로의 차이를 인정하고 존중한다면 더 나은 사회가 되지 않을까요?

마지막으로 무뚝뚝한 남성들을 위해 여성에게 사랑받는 팁을 하나 드리겠습니다. 아내나 여자 친구로부터 교통사고가 났다고 급하게 전화가 옵니다. 어떻게 해야 할까요? 대부분의 남자들은 열심히 "보험사를 불러라" "차 빼지 마라" 등의 코치를 합니다. 그러나 그때 아내나 여자 친구가 꼭 듣고 싶은 말은 그런 충고나 조언이 아니라 "다친 데 없어?"란 따뜻하고 걱정 어린 한마디뿐이랍니다.

원숭이도
머리를 맞대면 낫다

우리 부모 세대에게 과학자의 모습을 상상해 보라고 하면 두꺼운 돋보기안경을 쓰고 머리는 산발인 모습으로 때와 기름으로 얼룩진 실험 가운을 입고 어두운 실험실에서 혼자 열심히 일하는 모습을 가장 먼저 떠올릴 것입니다.

지난 20세기는 뛰어난 한 과학자의 열정이 인류에 커다란 족적을 남기는 일을 성취해 냈습니다. 그러나 21세기에 들어서면서 사회와 과학기술이 다양해지고 복잡해졌습니다. 이에 세계는 융합의 시대로 바뀌어 가고 있으며 이제 혼자서 한 가지만 잘하는 사람이 큰 업적을 낼 기회는 점차 줄어들고 있습니다. 즉 다양한 배경과 전공의 사람들이 함께 머리를 맞대고 협력하여 지금껏 없었던 새로운 것을 창출해 낼 때 비로소 인류에 기여하는 중요한 발견을 성취하는 경우가 더 많아진 것입니다.

이에 다양한 사람의 지혜를 모아 새로운 지식을 창조

하는 집단지성collective intelligence이라는 새로운 협력 혹은 협업
의 혁신이 일어납니다. 집단지성은 1910년대 하버드대학교의
곤충학자였던 윌리엄 모턴 휠러 교수가 개미의 사회적 행동을
관찰하면서 처음 제시한 개념인데, 사실 개미 한 마리로 보면 지
극히 미약한 존재지만 이들이 모이면 수 톤이 되는 물건도 옮길
수 있는 능력을 발휘합니다. 이와 유사하게 우리가 살고 있는 21
세기처럼 다양하고 복잡한 세상에서는 소수 전문가의 능력보다
다양성과 독립성을 가진 다수의 통합된 지성이 더 나은 결과를
가져올 확률이 높습니다.

    가까운 예를 보면 위키피디아Wikipedia라는 인터넷 백
과사전은 한 가지 주제에 대해 전 세계 누구라도 참여해 자신의
지식을 더할 수 있는 시스템을 갖추고 있어, 독자들에게 전문가
한 사람이라면 절대로 제공할 수 없을 만큼의 다양하고 전문적
지식을 제공합니다. 한국에도 '지식iN'이란 집단지성을 활용한
지식 교류 서비스가 있습니다.

    이러한 집단지성 도출을 위한 협업에서 가장 중요한
것은 바로 소통입니다. 함께 일하는 동료의 마음을 읽고 협력
하면 효율적으로 일을 할 수 있을 텐데, 사실 이것이 쉽지는 않

습니다. 최근 미국 듀크대학교의 미겔 니코렐리스 교수 연구진이 이러한 문제를 해결할 수 있는 기술을 개발했습니다. 이 연구진은 원숭이 세 마리의 뇌를 연결해 로봇 팔을 움직이는 기술을 개발했고 이 결과를 《사이언티픽 리포트Scientific Report》지에 발표했는데, 뇌를 연결했다는 점을 강조해 이 기술을 '브레인넷Brainet'이라 명명했습니다.

이들 연구진은 각 원숭이의 뇌신호를 읽는 장치를 뇌에 이식하고, 원숭이의 의지에 따라 로봇 팔이 움직이도록 했습니다. 그런데 각각의 원숭이는 이 로봇 팔을 동서남북 혹은 상하좌우, 즉 2차원 운동만 가능하게 할 수 있고, 이들 세 마리 원숭이가 합심해서 로봇 팔을 움직여야만 3차원 공간의 물체를 잡을 수 있도록 특수하게 제작된 장비에서 실험을 수행했습니다. 처음에는 제대로 물체를 잡는 일이 힘들어 자포자기하는 원숭이와 로봇 팔의 운전을 남에게 미루는 원숭이가 나타났지만, 7주 정도 함께 훈련한 원숭이들은 합심하여 로봇 팔을 움직였고 원하는 위치의 물건을 잡는 데 성공했습니다. 결국 원숭이도 세 마리가 머리를 맞대니 한 마리라면 할 수 없었던 일을 성취해 낸 것입니다.

이러한 뇌 연구는 우리 사회에도 많은 것을 시사합니

다. 가깝게는 제가 학생을 지도하는 대학에서도 비슷한 경우를 봅니다. 학생들에게 팀 리포트를 내면 처음에는 리포트 주제에 지레 겁을 먹고 아무것도 안 하는 학생, 남이 다 해 주길 기대하면서 그냥 묻어가는 학생이 가장 먼저 나타납니다. 그러나 팀 리포트의 성격상 구성원 모두가 같은 학점을 받게 되므로 좋은 학점을 받으려면 협력을 할 수밖에 없어 결국 한 명씩 힘을 합하게 되고, 학기 말이 되면 모두 하나가 되어 훌륭한 리포트를 완성합니다.

사실 지난 세대 우리 부모들은 자기 자식들의 성공만을 기원하고 학생들도 자신의 성적을 올리는 데 급급해하며 옆의 동료는 그저 경쟁의 상대로만 여기는 세상을 살았습니다. 그러나 우리 자녀들이 사는 세상은 혼자서는 이룰 수 없는 것들로 가득한 세상입니다. 따라서 옆의 동료가 경쟁의 상대가 아닌 협력의 대상이라는 사고의 전환이 필요하고, 함께 가는 리더십이 절실한 시대가 되었습니다. 저는 미래 입시는 수험생 모두 머리에 뇌신호를 측정하는 장비를 쓰고 학교에서 주어진 문제를 함께 풀어 가는 세상이 되지 않을까 하는 엉뚱한 상상을 해 봅니다. 이런 엉뚱한 상상에 지혜를 더해 주실 분은 안 계신가요?

냄새는
기억 창고의 열쇠

제 별명이 향기박사인 만큼 향기에 대한 이야기를 해 볼까요? 향기의 과학을 이해하려면 먼저 우리 감각기관에 대해 알아야 합니다.

우리 감각기관인 눈은 빛 에너지를, 귀는 음파 에너지를 각각 감지합니다. 그러면 눈과 귀에 있는 신경세포가 이를 전기신호로 바꿔 뇌에 전달하고 뇌는 이 신호를 받아 분석해 어떤 모습인지 또 어떤 소리인지 알아차리는 것입니다.

그럼 우리 코는 대체 무엇을 감지하는 것일까요? 코가 어떤 향기를 맡는다는 것은 그 대상에서 흘러나온 화학물질을 감지하는 것입니다. 그럼 콧속의 신경세포는 이를 전기신호로 바꿔 뇌에 전달하고 뇌는 어떤 향기인지 알아냅니다. 그래서 향기 감지를 담당하는 감각기관을 화학감각기관이라 부르는 것입니다. 즉 화학물질을 감지하는 감각기관이란 뜻이죠. 특별히 콧

속의 화학감각기관은 후각기관이라 부릅니다.

우리가 맛을 느끼는 것도 음식물 속의 화학물질을 감지하는 것이기에 맛을 감지하는 삼사, 즉 미각이라 표현하는데, 이 또한 화학감각의 한 종류입니다. 눈과 귀가 발달하지 못한 하등동물에게 화학감각은 생존에 매우 중요한 감각입니다. 실제 단세포동물인 아메바조차도 화학감각으로 주변 환경을 감지해 위험은 피하고 음식물은 쫓아갑니다.

1998년 미국 존스홉킨스대학교 의과대학 가브리엘 로넷 교수와 솔로몬 스나이더 교수 연구진은 매우 흥미로운 논문을 발표했는데, 이 과학자들에 의하면 정자가 수정을 위해 난자를 찾아갈 때는 정자가 눈을 부릅뜨고 난자를 향해 헤엄쳐 가는 것이 아니라 우리 콧속 신경세포처럼 난자가 정자를 부르기 위해 흘리는 화학물질을 감지해서 헤엄쳐 간다고 합니다. 이처럼 화학감각은 우리 생존 혹은 본능에 매우 밀접하게 닿아 있다는 것을 알 수 있습니다.

실제 눈이나 귀의 신경세포는 감지된 정보를 뇌 속의 분석을 담당하는 고등 뇌로 신호를 보내는데, 콧속 신경세포는 우리 뇌 속 파충류의 뇌에 해당하는 변연계라는 곳으로 신호를 보냅니다. 변연계는 우리의 감정과 기억을 담당하는 뇌 부위입니다. 이 때문에 우리는 어떤 향기를 맡으면 단순히 그 향을 알아차리는 것뿐만 아니라 그 향에 얽힌 추억과 그때의 감정을 함께 떠올리게 되는 것입니다.

이러한 현상을 가장 잘 표현한 문학작품이 마르셀 프루스트의 「잃어버린 시간을 찾아서」란 소설입니다. 이 소설에는 홍차에 마들렌을 적셔 먹던 주인공 마음에 알 수 없는 기쁨이 가득 차면서 예전의 기억들이 매우 구체적으로 떠오르는 장면이 묘사되어 있습니다. 그래서 이런 심리학적 현상을 '프루스트 현상'이라고 합니다. 즉 향기나 맛 등을 통해 그에 연관된 기억과 감정이 떠오르는 현상을 말합니다.

2015년 저는 〈다빈치노트〉란 프로그램에서 이러한 '프루스트 현상'을 보여 주는 실험 의뢰를 받았습니다. 실험 구상을 하던 중, 우리나라 사람들에게 과연 프랑스 사람에게 홍차와 마들렌과 같은 추억의 음식이 뭐가 있을까 고민하다가 제가 어린 시절 즐겨 먹던 달고나와 뻥튀기를 떠올렸습니다.

실제 실험은 달고나나 뻥튀기를 먹고 자란 세대인 50대 남녀를 대상으로 했고, 1960~1970년대 일상생활이 나오는 동영상을 제작해 보여 주었습니다. 먼저 향기 없이 동영상을 보도록 하고 다음 번에는 달고나와 뻥튀기 장면에서 달고나와 뻥튀기 향을 흘려보내면서 동영상을 보도록 했습니다. 그리고 동영상 시청 후 어린 시절을 회상해 보라고 하며 인터뷰를 했습니다. 향이 없이 동영상을 시청한 경우, 매우 단편적 기억만을 떠올렸던 반면, 놀랍게도 달고나와 뻥튀기 향과 함께 동영상을 시청한 경우는 매우 구체적인 기억은 물론 연관된 다른 기억들까지 이야기하기 시작했습니다.

또 단순히 구체적으로 추억하는 것뿐만 아니라 동영상 시청 중에도 향을 흘려보낸 경우, 얼굴에 웃음기가 돌면서 더욱 행복한 표정이 되었습니다. 즉 달고나와 뻥튀기 향이 열쇠가 되어 이분들의 행복했던 기억 창고의 문을 활짝 열어 준 것이죠. 이 실험이 방송되는 TV를 보면서 우리나라 국민들을 울리고 웃긴 〈국제시장〉이란 영화를 떠올렸습니다. 이 영화 상영 도중에 그때 그 시절 시장에서 나던 향을 솔솔 흘렸다면 어땠을까 하는 상상을 해 보았습니다. 아마 훨씬 더 많은 사람들이 그 시절을 더 실감나게 추억하지 않았을까요?

저는 우리나라 미래 과학 영재들이 향이 나는 TV나 영화관을 만들어 세상 사람들이 훨씬 더 감동하면서 더 행복하게 드라마와 영화를 볼 수 있게 해 주길 기대해 봅니다.

사랑은
눈물의 씨앗

영화 〈카사블랑카〉의 마지막은 자신이 사랑하는 여인을 위해 탈출로를 마련해 준 험프리 보가트가 그렁그렁 눈물이 맺힌 잉그리드 버그만의 큰 눈을 보며 안녕을 고하는 장면입니다. 스크린 속에서 사랑하는 남자를 떠나야 하는 슬픔에 잉그리드 버그만이 흘리는 눈물은 영화를 보던 모든 남성의 마음을 무장해제 시켜 버렸습니다.

보통 눈물은 대개 안구를 촉촉이 적셔 주고 외부 이물질을 제거해 주는 기능을 하지만, 때론 이처럼 다른 이의 감정을 휘두르는 도구가 되기도 합니다. 그런데 실제 감정에 따라 흘리는 눈물 속에는 말로 하지 않지만 자신의 속마음을 전달해 주는 소통 물질이 있습니다. 저는 뇌를 자극하는 화학물질을 연구하는 사람이라 그런지 얼마 전 독일에서 열린 학회에서 접한 최신 연구 동향 중에서 눈물이 우리 뇌에 보내는 신호에 대한 연구가 가장 흥미로웠습니다.

이번 학회에 키노트 연사로 초청되어 발표한 일본 도쿄대학교의 도하라 가쓰시게 교수는 그간 본인이 10여 년간 연구한 눈물 속에 담긴 페로몬에 관한 연구 내용을 정리해 강연했습니다. 도하라 교수는 2010년 수컷 쥐의 눈물에서 암컷 쥐를 성적으로 흥분시키는 ESP1이란 물질을 처음으로 발견했고, 이후 눈물 속에서 뇌 반응을 유발하는 물질을 찾고 그 기능을 연구하는 일에 매진하고 있습니다.

이번 학회에서 도하라 교수는 수컷 쥐의 눈물이 아니라 암컷 쥐의 눈물을 연구해 얻은 새로운 결과를 발표했습니다. 아직 성적으로 성숙하지 않은 암컷 쥐가 흘리는 눈물은 수컷 쥐의 성적 흥분을 진정시킨다는 것입니다. 반면 성숙한 암컷 쥐의 눈물은 수컷 쥐의 성적 흥분을 진정시키지 못했습니다. 즉 동물의 세계에서는 미성숙한 암컷 쥐의 눈물은 발정기의 수컷에게 아직 성숙하지 않아 생식력이 없는 암컷 쥐를 알아보게 하는 데 매우 중요한 역할을 한다는 것을 보여 줍니다.

이러한 도하라 교수의 연구는 사람에게도 확장되어 진행되었는데, 2011년 이스라엘 와이즈만연구소의 노암 소벨 교수가 여성이 슬퍼서 흘리는 눈물은 남성의 성적 흥분을 진정시킨다는 연구 결과를《사이언스》지에 발표하여 많은 사람에게 주목을 받은 바 있습니다. 소벨 교수의 연구 결과에 따르면 여성의 눈물은 남성의 성적 흥분을 낮추는 것뿐만 아니라 심장박동과 호흡도 안정시키고 남성호르몬의 분비도 낮춘다는 것을 밝혔습니다. 이런 이유로 〈카사블랑카〉를 보던 남성들이 잉그리드 버그만의 눈물에 그만 무장해제가 되고 만 거죠.

사실 대부분의 경우 남녀 간의 싸움에서 여성이 흘리는 눈물은 남성에겐 KO 펀치가 됩니다. 즉 여성 눈물 속의 물질이 남성의 전의를 상실케 하는 거죠. 흥미롭게도 중세 시대에는 미망인이 된 여성들이 양파즙을 묻힌 손수건을 들고 다녔다고 합니다. 손수건의 양파즙 향이 미망인의 눈물샘을 수시로 자극해 눈물을 흘리게 했는데, 사실 양파즙이 유발하는 생리적 반응의 눈물이 여성이 정말 슬퍼서 흘리는 감정의 눈물과 그 성분이 같을지는 잘 모르겠지만 미망인의 눈물로 인해 그 미망인에 대한 주변 남성의 성적 호기심을 낮추는 효과는 있었다고 합니다.

아직 도하라 교수의 첫 연구 결과에서 보여 준 수컷 쥐 눈물의 효과처럼 과연 남성이 흘리는 눈물이 여성에게 성적인 매력을 느끼게 하는지는 모릅니다. 만약 누군가 남성의 눈물이 여성의 마음을 움직이는 효과가 있다는 것을 밝혀낸다면 국민가수 나훈아의 노래처럼 '사랑은 눈물의 씨앗'이 아니라 7080 가수 이유진의 노래처럼 '눈물 한 방울로 사랑은 시작되고'가 맞는 것이겠죠?

외로워하지 말아요,
그대

신문에서 안타까운 기사를 하나 접했습니다. 20여 년 전 남편과 사별한 50대 여성이 자녀들이 모두 출가한 뒤 심한 우울 증세에 시달리던 중 백화점에서 물건을 훔치다 경찰에 붙잡혔다는 기사였습니다. 알고 보니 이 여성은 그간 외로움으로 인한 우울 증세로 정신과 치료를 받고 있었다고 합니다. 즉 극심한 외로움이 한 사람을 우울증에 빠지게 하고 그만 범죄자로 전락시킨 것입니다.

원래 인간은 사회적 동물입니다. 성경에도 태초에 인간은 아담과 하와 한 쌍으로 시작되었다고 합니다. 그러니 사람들은 함께 희로애락을 나누면서 더불어 살아야 건강하다는 것이죠. 그래서 사람들은 기쁜 일이 생기면 친구를 찾아가 수다를 떨며 행복을 나누고, 또 슬픈 일이 생겨도 친구를 찾아가 눈물을 흘리면서 위로를 받나 봅니다.

사실 사람에게 홀로 있다는 것이 가장 힘든 일은 맞는 것 같습니다. 그래서인지 범죄자를 수감하는 교도소에서도 죄질이 가장 좋지 않은 범죄자에게 독방에 수감되는 형벌을 내립니다. 실제 미국의 교도소에 수감된 중범죄자 중 독방에 격리된 재소자의 경우 무려 절반 가까이 정신 질환이나 뇌 손상이 관찰된다고 합니다. 또 미국 캘리포니아의 한 교도소에서 발생한 자살 중 70퍼센트는 독방에서 일어났다고 합니다. 즉 세상에 나밖에 없다는 외로운 감정은 삶을 지탱하기 어려울 만큼의 큰 고통을 줍니다.

흥미롭게도 우리 뇌에 있는 신경세포도 혼자서는 살지 못합니다. 늘 다른 신경세포와 시냅스를 이루고 서로 소통할 때 생존을 할 수 있습니다. 기쁜 일은 흥분성 신경전달물질로 함께 흥분하고, 슬픈 일은 억제성 신경전달물질로 다독거려 줍니다. 그러니 우리 뇌 속 신경세포조차도 외로움을 아주 싫어하는 것 같습니다. 2016년 《셀》지에 발표된 논문에 따르면 미국 MIT 케이 타이 교수 연구진이 외로움에 관련된 뇌의 특정 부위를 발견했다고 합니다. 연구진이 실험 쥐를 이용해 수행한 연구에 따르면 함께 어울려 사는 쥐는 이 부위가 별로 활성화되지 않는데, 홀로 고립된 쥐의 경우에는 이 부위가 활성화된다고 합니다.

또한 한 번도 고립되어 본 적 없는 쥐와 달리 한 번이라도 고립된 경험을 가진 쥐들은 이 고립감에 더 민감하게 반응한다는 것을 발견했습니다. 즉 외로움을 경험하고 나면 다음에 몰아치는 외로움을 더욱 고통스럽게 느끼게 된다는 것이죠. 어쩌면 이러한 반응은 종족의 보존을 위해서는 매우 필요한 반응일지도 모릅니다. 왜냐하면 혼자 고립되어 있다는 것은 그만큼 위협에 더 노출되어 있다는 것이기 때문입니다. 그러니 이러한 고립감에 민감하게 반응해야만 위험한 환경에서 빨리 벗어나 동료들에게 돌아가서 안전해질 수 있겠죠.

그런데 최근 우리 사회는 사랑하는 사람들을 외롭게 만드는 행동을 많이 하는 것 같습니다. 친구의 이야기를 들어 주기보다는 이어폰을 끼고 자기만의 세상에 빠지고, 휴대폰 화면에 얼굴을 파묻고 바로 옆에 있는 가족의 얼굴은 외면합니다. 외로움을 못 견뎌 우울증에 빠진 여성처럼 가족이 모두 떠나야 그 소중함을 깨닫게 될지도 모릅니다.

그러니 호강시켜 준다던 약속을 지키지 않는 미운 남편도, 옆집 철수보다 공부를 못해 속상하게 하는 자녀도 다 여러분 우울증의 예방약이며 치료제임을 명심하고 소중하게 여긴다면 외로움을 느끼는 뇌의 부위가 평생 활성화되지 않는 행복한 삶을 살 수 있을 것입니다.

속 보이는 뇌

세상을 살다 보면 많은 사람과 만나게 됩니다. 친구로 만나기도 하고, 선후배로 만나기도 하고, 직장 동료로 만나기도 합니다. 그런 많은 사람과의 관계에서 가장 어려운 점을 물어보면 많은 분은 소통의 어려움을 이야기하면서 "대체 그 사람 속을 모르겠다" 혹은 "그 사람 머릿속에 뭐가 들었는지 알고 싶다"라고 합니다. 그럼에도 불구하고 혼자 무인도에 가서 사는 것보다는 사람들과 더불어 사는 것을 더 좋아합니다.

그런 점에서 우리 뇌 속의 신경세포들은 사회 속의 사람들과 닮아 있습니다. 신경세포는 절대 혼자서는 살지 못합니다. 신경세포는 쉴 새 없이 다른 신경세포와 신경전달물질을 주고받으면서 소통합니다. 그러한 소통 과정을 통해 신경세포 내 많은 소기관들이 활성화되고 세포 내 스트레스도 조절되면서 생존을 하게 됩니다. 이렇듯 결국 인간의 뇌 활동이란 1000억 개 신경세포 간 소통의 결과입니다. 마치 어떤 사람의 인맥이나 학연을 알아보면 그 사람의 배경이나 성향을 파악할 수 있듯이, 뇌 속 신경세포 간의 연결을 파악하면 그 신경세포의 기능을 정확히 알 수 있고 이를 통해 뇌 활동을 파악할 수 있습니다. 즉 어떤 사람 뇌의 전체 신경망을 파악하면 그 사람의 마음을 이해할 수 있는 것이죠.

이러한 개념을 현대 뇌 연구의 중심으로 가져온 사람은 현재 프린스턴대학교 신경과학연구소에 재직하고 있는 한국계 과학자인 세바스찬 승 교수입니다. 2010년 영국 옥스퍼드에서 '나는 나의 커넥텀(신경단위 연결체)이다I'm My Connectome.'라는 TED 강연을 통해 한 사람의 정체성을 결정하는 것은 결국 신경세포 간의 연결을 통해 이뤄지는 소통이라는 이론을 제시했고, 이 TED 강연은 폭발적인 호응을 얻었습니다.

그의 이론은 뇌 속 신경세포 간의 연결을 밝히는 '뇌 지도 작성' 연구를 촉발했습니다. 이후 2013년 미국 버락 오바마 대통령은 '뇌활성 지도 작성 프로젝트Brain Initiative Project'에 1억 달러(한화로 약 1040억 원)를 투입하기로 했고, 세바스찬 승 교수는 이 야심찬 프로젝트에서 중추적인 역할을 담당하고 있습니다. 프로젝트의 궁극적인 목표는 혁신적인 신경과학 기술을 통해 뇌 속 신경세포 활동에 관한 지도를 만드는 것입니다.

사실 뇌 속을 들여다보기 위해서는 많은 기술이 필요합니다. 1906년 노벨 생리·의학상을 수상한 골지 교수와 카할 교수에 의해 처음으로 신경세포의 염색이 가능해진 이후 과학자들은 신경세포 관찰에 매진해 왔습니다. 신경세포는 생물학적 세포이므로 인지질 막으로 싸여 있습니다. 이 인지질 막은 빛의 투과를 방해하므로 현미경으로 신경세포를 관찰하기 위해 연구자들은 뇌 조직을 아주 얇게 썰어 관찰하는 방법을 사용하고 있습니다.

2013년 스탠퍼드대학교의 한국인 대학원생이었던 MIT의 정광훈 교수는 당시 획기적인 실험 기법을 개발해《네이처》지에 발표합니다. 빛의 투과를 방해하는 인지질 막 성분을 뇌에서 제거해 뇌를 투명하게 만들어 뇌를 얇게 썰지 않고도 있는 그대로 뇌 속을 자세하게 관찰할 수 있는 기술을 개발한 것입니다. 그야말로 속 보이는 뇌를 만들어 낸 것이죠. 이 '투명화 기법CLARITY'이라는 혁신적인 기술은 골지 교수의 '골지염색법' 이래 가장 획기적인 신경과학 기술이며, 해부학적 뇌 지도를 작성하는 데 결정적인 역할을 할 것이라 기대하고 있습니다.

전 세계가 어려운 경제 상황임에도 불구하고 천문학적인 예산을 투입해 '뇌 지도 작성 프로젝트'를 군이 하는 이유는 뇌과학 분야가 갖고 있는 엄청난 잠재력 때문입니다. 당장 몇 년 안에 우리에게 필요한 결과를 가져다주지는 못할지 모르나 분명 우리의 뇌에 대한 이해는 더욱 깊고 넓어질 것입니다. 이를 통해 현재는 치료가 불가능하다고 여기는 치매를 극복하는 신기술이나 정말 인간을 닮은 인공지능 개발도 가능하게 되겠죠?

가끔은 혼밥도 좋지만 뇌 속 신경세포처럼 누군가와 함께 즐겁게 수다 떨며 식사하고 속도 좀 보여 주면서 생활에서 쌓인 스트레스를 떨어내는 시간도 갖기 바랍니다.

사랑은 함께
같은 방향을 바라보는 것

소설 「어린 왕자」의 작가인 생텍쥐페리는 '사랑이란 서로를 마주 보는 것이 아니라 같은 방향을 보는 것'이라고 했습니다. 이 이야기를 젊은 연인들에게 하면 대번에 말도 안 된다는 반응을 보입니다. 사랑이 식은 갱년기 부부들이나 마주 보는 것이 지겨워 서로 앞만 보는 것이란 해석을 내놓기도 합니다. 사실 향기박사도 작가 생텍쥐페리가 무슨 마음으로 이런 이야기를 했는지 알 수는 없지만, 최근 발표된 논문을 읽고 보니 어쩌면 생텍쥐페리는 뇌과학에 대해 이야기하고 있었는지도 모르겠다는 생각을 했습니다.

2017년 스페인 바스크연구센터의 알레한드로 페레스 박사 연구진에서 발표한 논문에 따르면, 두 사람이 칸막이를 사이에 두고 서로 대화를 하다 보면 두 사람의 뇌파 리듬이 점점 서로 일치하기 시작한다고 합니다. 뇌파란 우리 뇌의 활동으로 발생하는 뇌신호이므로, 뇌파 리듬이 서로 일치한다는 것은 두

사람의 뇌가 비슷한 활동, 즉 비슷한 생각을 하고 있다는 것을 의미합니다. 이런 현상을 처음 발견한 연구자는 미국 프린스턴 대학교의 우리 하슨 교수입니다. 하슨 교수는 한 강사가 말하는 동안 뇌영상 장비를 통해 뇌에서 활성화되는 영역을 확인하고 이 강사가 말하는 것을 정확하게 이해한 청중의 뇌에서 활성화되는 영역을 확인했는데, 강사와 청중의 활성화되는 뇌 영역이 겹치는 곳이 있다는 것을 찾아냈습니다.

또 강사가 이야기할 때 강사의 뇌 영역의 활성화 정도와 강사의 이야기에 공감하는 청중의 뇌 속 같은 영역의 활성화 정도가 일치하는 것도 알게 되었습니다. 즉 이야기를 듣는 청중이 강사의 이야기에 공감할 때 청중의 뇌 활동이 강사의 뇌 활동과 매우 유사한 패턴을 보인다는 것을 발견한 것이죠. 하슨 교수는 이러한 현상을 '신경동조현상'이라 명명했습니다. 여기서 주목할 것은 대화, 즉 청각의 자극이 강사와 청중의 뇌가 공감하는 데 중요한 역할을 한 것입니다. 사실 뇌는 어떤 일에 집중하고자 할 때 시각 자극을 차단하고 꼭 필요한 감각기관만을 이용하곤 합니다. 예를 들어 사람들은 음악에 집중할 때 눈을 지그시 감고 오로지 귀에만 모든 감각을 집중합니다. 비슷하게 첫 입맞춤을 하는 연인들도 두 눈을 꼭 감고 오로지 입술에만 모든 감각을 집중하죠. 그런 중요한 순간 시각 자극은 음악 감상이나 입맞춤에 방해만 되는 불필요한 자극이기 때문입니다.

사람 간의 대화 역시 음악 감상처럼 청각에만 집중할 때 상대방의 말이 더 잘 들리고 그 사람의 생각도 더 잘 읽을 수 있습니다. 페레스 박사 연구진 역시 칸막이로 서로를 쳐다보지 못하게 하고 오로지 서로의 목소리에만 집중하면서 소통하는 방식으로 진행되었습니다. 조금 확대해석을 하자면 이번 페레스 박사의 연구나 기존의 하슨 교수의 연구 모두, 대화를 통해 좋은 소통을 하면 서로의 뇌가 닮아 간다는 것을 의미합니다. 서로의 뇌가 닮아 가면서 서로의 생각을 쉽게 공유하게 되고, 결국 상대의 입장도 더 쉽게 이해할 수 있는 것이죠.

4차 산업혁명에서 가장 중요한 키워드는 융복합과 네트워크이며, 많은 전문가들은 이것을 위한 조건으로 다양성을 인정하는 '열린 마음'과 타인과의 '소통 능력'의 필요성을 역설합니다. 좋은 '소통 능력'은 결국 대화를 통해 상대방의 이야기를 잘 경청하고 나의 이야기를 진정성 있게 전달하려는 노력을 통해 얻어집니다. 결국 이 4차 산업혁명 시대를 행복하게 살려면 마주만 보지 말고 함께 같은 곳을 바라보며 대화를 하는 것이 무엇보다 중요할 것 같습니다. 여러분도 가끔 온 가족이 나란히 앉아 석양을 바라보며 도란도란 대화하면서 서로의 뇌를 닮아 가는 행복한 시간을 보내는 것은 어떨지요?

나는 관대하다,
고로 행복하다

2006년 여름, 스파르타제국과 페르시아제국 간에 있었던 테르모필레전투를 색다르게 해석한 영화 〈300〉이 상영되어 많은 사람들의 사랑을 받았습니다. 이 영화에서 가장 관심을 받은 배역은 아마도 페르시아 황제인 크세르크세스 1세였던 것 같습니다. 이 배역은 그간 우리가 생각하는 황제의 모습과는 거리가 먼, 좀 기괴한 모습이었습니다. 또 항복을 강요하며 굵직한 저음으로 내뱉는 "나는 관대하다"란 말이 이 영화를 대표하는 유행어가 되어 버렸습니다. 사실 이 영화 속 크세르크세스 1세는 자신의 말과는 달리 별로 관대하지 않습니다.

그간 심리학자·철학자·경제학자들은 사람이 실제 왜 관대한 행동을 하는지 그 동기가 궁금했습니다. 일반적으로 친족을 돕는다든지, 언젠가 되돌아올 보상을 기대한다든지, 또는 자신에 대한 세상의 평판에 도움이 될 것이라서 그런 관대한 행동을 한다는 해석을 내놓기도 했지만, 특정 상황에서 인간은 이러한 이유 없이도 타인에게 헌신을 하곤 합니다. 따라서 무언가 보상을 바라고 관대한 행동을 한다는 이론은 설득력이 약해졌고 새로운 해석에 대한 노력이 계속되었습니다.

최근 많은 연구들을 보면 관대한 행동의 동기로 행복을 주목합니다. 다른 사람을 위해 헌신할 때 경험하는 가슴 뜨거운 강렬한 기억, 즉 행복감이 계속해서 남에게 관대한 행동을 하도록 하는 메커니즘으로 제안되고 있습니다. 최근 독일 루벡대학교 심리학과 박소영 교수 연구진이 미국 노스웨스턴대학교 신경과 소스텐 칸트 교수 연구진, 스위스 취리히대학교 경제학과 필립 토블러 교수 연구진과 함께 이에 대한 흥미로운 연구 결과를 발표했습니다. 이 연구진은 실험 참가자를 자신을 위해 돈을 쓰는 그룹과 남을 위해 돈을 쓰는 그룹으로 나누고 4주간 돈을 쓰도록 하면서 이 두 그룹을 비교 관찰했습니다. 우린 대부분 자신을 위해 돈을 쓴 그룹이 더 행복할 것이라 예상할 것입니다. 그러나 자신을 위해 돈을 쓴 그룹에 비해 남을 위해 돈을 쓴 그룹이 좀 더 관대한 결정을 내리는 경우가 많았으며, 스스로도 더 행복하다고 느낀다는 결과를 얻었습니다.

기능적 자기공명영상 분석을 통해 관대한 결정을 하는

데 관여하는 뇌 부위는 우측두엽 연결temporoparietal junction임을 알아냈고, 자신을 위해 돈을 쓴 그룹과 남을 위해 돈을 쓴 그룹 간에는 우측두엽 연결과 선조체striatum 간의 연결도 차이가 있음을 알아냈습니다. 우측두엽 연결은 공감과 사회적 인식에 관련된 뇌 영역으로 이 부위가 손상되면 도덕적 결정을 하는 데 어려움을 겪게 됩니다. 한편 선조체는 뇌 속 보상 시스템의 중요한 구성 요소입니다. 연구진에 따르면 관대한 결정을 내리는 동안 선조체 활동이 행복감의 차이에 깊이 관여한다고 합니다. 이는 결국 선조체 활동이 관대함과 행복을 연결하는 데 가장 근본적인 역할을 한다는 것을 의미합니다.

정리해 보자면 공감과 사회적 인식에 관련되고 도덕적 결정 능력에도 깊숙이 관여하는 뇌 영역이 우리가 이기적인 결정을 하도록 유혹하는 뇌 속 보상 시스템을 제어하게 되면, 우린 관대한 결정을 할 수 있고 그 결과 행복도 느끼게 된다는 것입니다.

아름다운 세상을 만드는 데 구성원 서로 간의 관대함과 그로 인해 파급되는 개인의 행복은 매우 중요합니다. 그러나 우리는 관대함과 행복 사이의 연결 고리를 너무 과소평가하고 일상에서 이기적으로 자기만을 챙기며 살아가는 것 같습니다. 지치고 힘겨운 때일수록 잠시 주변 사람들을 둘러보고 도움이 필요한 분에게 친절을 베풀어 보세요.

신과 나의
시냅스

사람마다 여가를 즐기는 방법은 다양합니다. 저는 미술관을 다닙니다. 실제 미술관을 가는 것은 아니고 그저 인터넷을 이용해 그간 제가 보고 싶었던 그림들을 해설과 함께 꼼꼼히 다시 음미하는 시간을 보내는 것입니다.

최근 르네상스 시대의 천재 화가 미켈란젤로가 그린 '천지창조'를 다시 보게 되었는데, 다시금 감탄을 했습니다. 이 그림은 신이 만든 최초의 인간 아담과 신의 첫 만남이 아주 웅장하게 묘사되어 있습니다. 그런데 흥미롭게도 해부학을 공부한 사람이라면 누구나 이 그림에서 인간 뇌의 해부도를 본다고 합니다. 뇌의 해부도와 비교해 보면, 인간의 지성을 담당하는 전두엽과 그 안에 존재하는 중추신경 그리고 중추신경을 지원하는 교세포들, 후각상피에 존재하는 후각신경과 이를 중추신경계와 분리하는 뼈 구조인 체판 등이 정확히 해부구조상 위치에 있습니다.

미켈란젤로가 천재 화가이면서도 훌륭한 뇌신경 해부학자라고 추측하는 가장 중요한 증거는 바로 신과 아담의 손가락 끝부분을 닿을 듯 말 듯 묘사한 것입니다. 악수나 머리를 쓰다듬는 것으로 충분히 묘사할 수도 있고, 성경에 적힌 대로 신이 아담의 콧속에 숨을 불어 넣는 장면을 그려도 될 것을 굳이 이렇게 묘사한 것은 무슨 이유일까요?

손가락 끝이 닿을 듯 말 듯 떨어진 채 뭔가 전달하려는 이 장면은 마치 시냅스를 연상케 합니다. 신경은 혼자서는 살지 못합니다. 반드시 다른 신경과 서로 소통할 때만 생존을 할 수 있습니다. 그리고 신경은 이런 활발한 소통을 위해 시냅스, 우리말로 연접이라는 특별한 구조를 가집니다. 두 신경은 시냅스에서 직접적인 물리적인 접촉 없이 신경전달물질이라는 연락책을 통해 서로의 의사를 상대방에게 전달합니다. 기쁜 일은 흥분성 신경전달물질을 통해 함께 흥분하고, 슬픈 일은 억제성 신경전달물질로 다독거려 줍니다.

저는 화가이자 뇌신경 해부학자였던 미켈란젤로가 천지창조를 통해 뇌 속 신경 간 시냅스를 묘사한 것이라 상상합니다. 실제 시냅스 발견을 최초로 보고한 과학자는 스페인의 신경

조직학자인 라몬 카할 교수입니다. 20세기 초 많은 뇌 조직 사진을 현미경으로 관찰하고 시냅스의 존재를 발견해 이를 보고한 공로를 인정받아 1906년 뇌과학자로는 최초로 노벨상을 수상했습니다.

그런데 현미경도 없던 16세기에 시냅스를 최초로 묘사한 미켈란젤로야말로 정말 노벨상을 받아 마땅한 대단한 뇌과학자가 아닐까요? 그런데 이번에 이 그림을 다시 보면서 여러 가지 해설을 찾아보니, 이 손가락 끝이 닿을 듯 말 듯 묘사된 부분은 미켈란젤로가 그린 것이 아니라 벽면의 균열로 아담의 손가락 부분이 손상되어 미켈란젤로의 제자인 카르네발리가 다시 그린 것이라 합니다. 그래서 미켈란젤로가 처음부터 손가락 끝이 닿을 듯 말 듯 그렸는지, 아니면 원래 붙어 있던 것을 제자가 그리면서 떼어 놓은 것인지 알 수가 없게 되었습니다. 그러니 누가 노벨상을 받아야 할지는 판단하기 어렵습니다. 제가 명작 한 편을 감상하고 다분히 뇌과학자의 시점으로 조금 과장하여 해석한 것이지만 저는 이 명화를 통해 사람도 신경처럼 시냅스를 갖는다는, 즉 소통을 한다는 생각을 해 봅니다. 여러분도 주변 사람과 서로 시냅스를 활성화시키는 소통의 시간을 통해서 뇌가 행복한 여가를 보내는 것은 어떨지요?

술 마시면
외국인과 쉽게 친해진다?

요즘 식당을 가 보면 국제화 추세에 걸맞게 식당마다 외국인 친구와 즐겁게 담소하는 젊은 친구들을 많이 보게 됩니다. 제가 어렸을 때를 떠올려 보면 길에서 외국인을 마주칠 때마다 도망가기 바쁘고, 어쩌다 외국인이 길이라도 물어보면 아는 영어가 짧아 전혀 무슨 말인지 못 알아듣고 중학교 1학년 영어 교과서에서 외운 문장인 "잘 지내? 나는 잘 지내, 고마워! How are you? I am fine, Thanks!"라고 자문자답을 하는 바람에 길을 물어보는 외국인들에게 도움을 주기는커녕 더 당황하게 하는 일이 많았던 것 같습니다. 그래서 그런지 요즘 식당에서 외국인 친구와 스스럼없이 대화하며 웃는 젊은 학생들을 보면 부럽기도 합니다.

한국 사람들이 외국인과 외국어로 대화하는 것을 어려워하는 가장 큰 이유는 자신감 때문이라고 합니다. 실제 많은 외국인들은 우리나라 사람들이 자신들보다 모국어 문법을 정확히 알고 있는 것에 놀란다고 합니다. 다만 외국인을 만나면 주눅이

들어 자신감이 떨어지면서 우리 뇌가 자신의 실력을 다 펼치지 못하는 것이죠.

그럼 어떻게 해야 외국인을 만나도 자신의 외국어 실력을 맘껏 발휘할 수 있을까요? 최근 네덜란드 마스트리흐트대학교 제시카 워스만 교수 연구진이《정신약리학 저널Journal of Psychopharmacology》지에 발표한 연구 내용에 따르면, 약간의 음주가 외국어 능력 향상에 도움을 줄 수 있다고 합니다. 이 연구진은 네덜란드어 말하기·듣기·쓰기를 배운지 얼마 되지 않은 독일인 유학생 50명을 대상으로 실험을 했는데, 맥주 한 캔 정도의 음주를 하고 대화를 시키면서 이 대화를 녹음해 평가하는 실험을 수행했습니다.

먼저 음주 후에 자신이 네덜란드어로 대화하는 내용을 자기 스스로 평가하고, 또 같은 내용을 네덜란드인이 평가를 했습니다. 재미있게도 네덜란드인은 이 독일 친구의 네덜란드어 실력이 부쩍 늘었다고 평가를 했습니다. 문법적인 면이 특별히 나아지지는 않았으나 발음은 굉장히 좋아졌다고 평가했습니다. 하지만 자기 스스로 평가한 경우에는 자신의 네덜란드어 구사 능력이 늘었다고 평가하지는 않았습니다. 즉 음주 후, 남에게

만 그 사람의 외국어 실력이 좋아진 것처럼 보인 거죠. 사실 술을 많이 마시면 횡설수설하고 혀 꼬부라진 소리를 하게 되는데, 어쩜 이런 모습이 외국어 발음이 좋아지는 데 도움을 주는지도 모르겠네요.

그러나 워스만 교수는 본인의 연구 결과는 음주가 사람의 긴장감을 완화시켜 좀 더 편하게 외국어를 구사할 수 있게 된 결과이며, 너무 확대해 해석하지는 않기를 바란다고 당부했습니다. 사실 우린 무언가 직접 말하기 어려운 상황이 되면 술의 힘을 빌려 이야기를 하기도 합니다. 가장 흔한 경우가 사랑 고백이 아닐까 싶습니다. 이 역시 술로 마음속의 긴장감이나 두려움을 떨쳐 내고 평소 하지 못한 말을 하는 용기를 얻게 되는 것 아닐까 싶습니다. 하지만 술로 인해 이성을 잃게 되면 심신미약 상태가 되어 남에게 혹은 본인에게조차 원치 않는 해를 입히기도 하니, 워스만 교수의 충고처럼 술로 인한 외국어 능력 향상 효과를 너무 맹신하지는 않기를 바랍니다.

외국에서는 맥주 한 캔을 놓고 3~4시간을 떠들며 즐깁니다. 즉 이들에게 음주는 오랫동안 못 본 친구들과 즐거운 시간을 보내는 도구일 뿐입니다. 모임에서, 적당한 음주로 그간 갈고

닦은 외국어 실력 솜씨도 발휘하고, 외국인 친구가 없으면 노래방에서 친구들과 팝송을 멋지게 불러 보는 것은 어떨까요? 그럼 옆방에 있던 손님들이 어디서 외국인 가수가 왔나 하며 확인하러 올지도 모르죠?

세 살 기억
여든 간다

요즘 어린이집에서 일어나는 아동 학대 사건에 많은 사람이, 특히 부모들이 크게 분노하고 있습니다. 아이들을 상대로 폭력을 휘두르는 뉴스 영상을 보고는 너무나 끔찍해서 사실로 받아들이기 쉽지 않다는 분도 많습니다. 이처럼 일상생활에서 경험할 수 있는 상식 범주를 넘어선 사건을 경험하게 되면 사람들은 평소에도 과민 반응을 보이게 되며, 쉽게 잠들지 못하거나 무언가에 집중하기 어렵게 되는 정신적 외상 후 스트레스 장애(Post-Traumatic Stress Disorder, PTSD)를 겪게 될 수 있습니다.

실제 미국의 경우 베트남전쟁 혹은 걸프전쟁에 참전한 군인들이 전쟁이 끝나고 집으로 돌아가 이런 장애를 겪게 되어 결국 사회에 적응하지 못하는 경우가 많아 큰 사회문제가 되었습니다. 아마 부모 세대는 알 만한 〈람보〉라는 영화에서 주인공이 베트남전쟁에서 돌아와 전장 속의 기억과 현실을 혼동하며 사회에 적응하지 못하고 고통받던 모습을 기억할 겁니다. 이처럼 극심한 고통 때문에 대개는 술과 약물에 의지하게 되고, 결국 알코올중독자나 약물 남용자가 되어 끝내 정상적인 사회생활로 돌아오지 못하게 되는 경우가 많습니다.

성숙한 어른도 이러할진대, 아이들은 더 말할 것도 없겠지요. 사실 어린이집에서 일어나는 아동 학대도 문제이지만 가정에서 일어나는 아동 학대가 더 큰 문제입니다. 보건복지부 조사에 따르면 아동 학대 가해자가 어린이집 종사자인 경우는 10명에 1명꼴인 것에 반해 학대 가해자가 부모인 경우는 무려 10명당 8명꼴이라 합니다. 자신이 가장 의지하는 사람에게 받는 학대는 아이들에게 더 큰 스트레스로 작용합니다.

다수 사람들은 스트레스를 많이 받거나 감정 상태가 불안정하게 오래 지속되는 경우, 면역력이 떨어져 신체에 이상이 온다는 보고가 많습니다. 즉, 뇌 속의 스트레스가 신체의 면역력을 떨어뜨려 몸을 아프게 만드는 것이죠. 신체적으로 아직 성숙하지 않은 아동에게 학대라는 경험은 감당하기엔 너무나 큰 스트레스가 되어 정서적으로는 물론, 신체 발육이나 건강에도 큰 이상을 가져올 수 있습니다. 유아기의 반복적인 경험은 뇌에 강한 기억을 남기므로 이 시기에 반복되는 학대는 더욱 나쁜 결과를 초래합니다.

실제 어린이집에서 생활하는 아이들은 주로 3세에서 6세 사이인 유아기로, 뇌 구조 발달이 가장 활발한 시기입니다. 이 아이들의 뇌는 일생에 걸쳐 가장 활발하게 뇌 속 연결망을 만들어 갑니다. 이후 이때 만들어진 뇌신경망을 통해 뇌는 평생에 걸쳐 배우고 기억하고 생각합니다. 즉, '세 살 때 만들어진 기억이 평생 가게 되는 것'이죠. 따라서 이 시기에는 정서적으로 안정되고 아름다운 경험을 해야 합니다. 반대로 이 시기에 경험하는 학대와 같은 나쁜 사건은 뇌 속에 평생 극복하기 힘든 흉측한 흉터로 남게 됩니다. 어린 시절 부모와의 스킨십을 통해 얻은 만족감은 스트레스를 낮추고 정서와 도덕성을 담당하는 전두엽의 발달을 가져온다고 합니다. 실제 사회적인 문제가 되고 있는 흉악범과 성범죄자의 경우는 유아기에 부모와의 안정적인 관계를 형성하지 못했다는 연구 결과가 많습니다.

오늘 부모님들은 여러분의 자녀들을 한 번 꼭 안아주세요. 그 한 번의 다정한 포옹이 자녀들 뇌 속에 행복한 기억으로 남아 건전한 뇌 발달을 촉진하고 마음 따뜻한 사람으로 성장하게 해 우리 사회를 따뜻하고 살 만한 세상으로 만들 것입니다.

프리 허그와
뇌과학

매년 연말이 되면 등장하는 빨간 구세군 자선냄비와 제복 입은 아저씨가 내는 종소리는 앞만 보고 달려가던 우리의 발걸음을 멈추게 하곤 합니다. '나도 지금 힘들지만 더 어려운 이웃을 위해 함께 나누자'는 마음에 성금을 기꺼이 자선냄비에 넣습니다. 그럼 우리 뇌는 보상회로가 작동하면서 행복감에 입가에 미소가 번지게 됩니다.

21세기 들어 한국에 나타난 새로운 연말 풍경이 있습니다. 길거리에 서서 프리 허그Free Hug란 피켓을 들고 있는 사람들의 모습입니다. 포옹을 청하는 사람을 안아 주면 그 포옹에 위로받은 사람은 성금을 냅니다. 이 프리 허그 캠페인은 2001년 제이슨 헌터라는 사람이 처음 시작한 운동으로, 고도화된 사회 속 바쁜 생활에 황폐해진 현대인의 정신을 따뜻한 포옹을 통해 치유해 다시 행복을 찾게 해 주는 운동입니다. 정신적으로 힘든 일을 겪으면 누군가의 어깨에 기대고 싶다는 마음이 들고, 이러한 욕구는 인간의 사회적 행동의 하나인 신체 접촉을 통해 소속 감을 회복하고 마음의 평안을 얻고자 하는 인간 본능의 발로입 니다.

사실 사람이 아닌 영장류들도 이러한 사회적 접촉social touch을 통해 서로의 관계를 돈독히 하는 경우가 많습니다. '동 물의 왕국'에서 침팬지들이 서로 털을 다듬어 주는 모습을 본 적이 있을 텐데, 이러한 행동을 그루밍grooming이라 합니다. 청 결을 유지해 주는 역할도 하지만 심리적 안정을 가져다줘 친밀 감을 높이는 데 매우 중요한 행동입니다. 상호 신체적 접촉 정도 에 따라 서로 간의 사회적 친밀도를 나타내는 경우가 많은데, 실 제로 사람의 경우 가까운 사람일수록 신체적 접촉 정도가 높습 니다.

그럼 사람들은 서로 친밀도에 따라 얼마만큼의 신체 접 촉을 허락할까요. 2014년 핀란드 투르크대학교 심리학과 로리 누멘마 교수 연구진은 이에 대한 명쾌한 답을 제시하는 연구 결 과를 발표했습니다. 유럽인 1368명을 대상으로 수행한 연구에 서, 사회적 관계에 따라 자신의 몸을 만지도록 허락하는 범위를 신체 부위별로 정량적 수치를 제시했습니다.

결과를 보면 부부 간에는 신체 부위 어디든 만지는 것을 허락했으며, 남자 친구에게는 팔과 어깨, 여자 친구에게는 머리와 팔과 어깨 그리고 등을 허락했습니다. 아버지와 자매의 경우는 남자 친구와 유사한 패턴이 적용되었습니다. 다만 아버지와 자매에게는 남자 친구와 달리 얼굴까지를 허락했습니다. 한편 어머니의 경우는 여자 친구와 비슷한 패턴을 보여, 머리와 팔과 어깨 그리고 등을 허락했습니다. 그럼 낯선 이에게는 신체 어디까지를 허락했을까요? 낯선 여성에게는 손을 허락했으며, 낯선 남성에게는 손만을 허락하고 가슴과 배 그리고 엉덩이를 만지는 것은 절대로 허락하지 않았습니다. 즉 사람들은 낯선 이와는 악수를 제외한 어떠한 신체 접촉에도 불쾌감을 느낀다는 것입니다.

누멘마 교수 연구진의 연구를 잘 활용하면 사회생활을 하면서 지켜야 할 신체 접촉의 범위를 정할 수 있을 것 같습니다. 예를 들어 남자 친구가 자신의 친구에게 친근감을 표현할 때는 팔을 잡는다든지 어깨동무를 하는 것은 허락되지만, 머리를 만지거나 등 혹은 엉덩이를 만지면 상대방은 불쾌감을 느낍니다. 또 아버지가 아무리 자녀들이 예뻐도 엉덩이를 두드리면 자녀들은 불쾌감을 느끼게 됩니다. 그럼 과연 프리 허그를 제공하는 사람은 포옹을 청하는 사람을 어느 정도로 가깝게 느끼는 것일까요? 이 연구에 따르면 프리 허그를 제공하는 사람과 가슴에 안긴 사람은 어머니와 자녀 정도의 사회적 친밀도라고 할 수 있습니다. 결국 가장 힘든 날 생각나는 사람은 어머니인가 봅니다.

나는
참꽃의 향기가 보여요

제가 사는 대구의 봄은 참 짧습니다. 그리고 그 짧은 봄이 지나면 '대프리카'라 불리는 열정적인 대구의 여름이 시작됩니다. 그래서 미세먼지와 황사로 힘든 겨울 뒤에 찾아오는 짧은 봄날 며칠은 꽃구경도 하면서 봄을 즐길 수 있는 소중한 시간입니다. 꽃이 만발한 봄이면 항상 떠오르는 시가 있습니다. '가야 할 때가 언제인가를 분명히 알고 가는 이의 뒷모습은 얼마나 아름다운가'로 시작하는 시인 이병기의 「낙화」란 시입니다. 제가 이 시에서 가장 좋아하는 시구는 '분분한 낙화…'란 표현입니다. 진하진 않지만 향을 흘리며 눈처럼 흩날리는 꽃잎은 너무나 아쉽게 떠나가는 봄의 눈물 같기도 합니다.

혹시 여러분은 이런 흩날리는 꽃잎의 향기를 맡으면서 색이 보이는 신기한 경험을 한 적은 없는지요? 사실 드물지만 향기를 맡으면 색이 보이는 사람도 있습니다. 또 소리를 들으면 색채를 느낀다고 말하는 사람도 있습니다. 우린 이러한 현상을

공감각(共感覺, synesthesia)이라 합니다. 공감각은 한 감각이 다른 감각과 서로 뒤섞이는 현상을 말합니다. 즉 눈으로 색을 보고 귀로 소리를 듣는 것이 아니라 귀로 음악을 들을 때 어떤 색이 보이는 현상이죠.

이런 특이한 현상은 드라마에 등장하기도 합니다. 국민 드라마였던 '대장금'에서 장금이의 스승인 한 상궁은 장금이에게 '너는 맛을 그리는 재주가 있다'고 합니다. 즉 장금이는 혀로 감지한 음식의 맛을 뇌 속에서 미각이 아니라 시각으로 처리하는 능력을 가진 것이죠. 이렇게 극단적인 경우는 아니라도 사실 평범한 사람들도 어느 정도 이러한 경험을 하기도 합니다. 예를 들어 한여름에 푸른색으로 꾸며진 카페에 들어갔을 때 붉은색으로 꾸며진 카페에 비해 좀 더 시원하게 느끼는 것은 우리 시각과 촉각이 뒤섞이는 공감각을 경험하는 한 가지 예라고 할 수 있습니다. 사실 공감각 현상은 과학적으로 증명하기 쉽지 않아 연구가 활발히 진행되지는 못했지만, 그간 많은 과학자들은 공감각을 지닌 사람들의 뇌는 그렇지 않은 사람들의 뇌에 비해 신경 간에 과잉 연결이 일어나기 때문에 나타나는 현상이라 설명합니다. 즉 어떤 사람 뇌의 특정 지역에서 신경 간의 연결이 고도화되면 그 사람은 공감각을 경험하게 될 가능성이 높다는 것이죠.

최근 공감각을 새로운 각도에서 설명하기 위해 네덜란드 막스플랑크연구소의 사이먼 피셔 박사 연구진은 유전적인 관점에서 접근했으며, 이 연구를 통해 얻은 흥미로운 결과를 《미국국립과학원회보PNAS》에 발표했습니다. 피셔 박사 연구진은 공감각 현상이 흔히 발생하는 세 가문을 대상으로 구성원의 유전자를 조사했는데, 유전자 조사 결과 피셔 박사 연구진은 공감각이 유전되는 데 관여했을 것으로 보이는 예상 유전자 37개를 찾았습니다. 이들 유전자에는 6개의 특이한 변이가 보였으며, 이 변이들이 신경 간의 연결에 깊숙이 관련된 것을 알아냈습니다. 특히 이들 변이는 성장하는 어린이 뇌의 시각피질과 청각피질에서 모두 공통적으로 발현되는 것을 알아냈습니다. 즉 우리 시각과 청각 간의 공감각 유발을 설명할 수 있는 실마리를 찾은 것이죠. 공감각을 경험하는 것이 신경 과잉 연결을 동반한 신경계 발달 이상인지는 아직도 많은 연구가 더 진행되어야겠지만, 이번 연구 결과를 보아도 뇌 속 신경 간의 제대로 된 소통이 정상적인 뇌 활동에 얼마나 중요한지 알 수 있습니다. 어쩌면 이런 현상은 우리 세상일과도 비슷한 것 같습니다. 사람들 간에도 제대로 된 소통이 없으면 상대방의 말이나 의도를 오해하는 일이 발생하고 다툼이 발생하기도 하니까요.

제가 사는 대구에서는 해마다 5월이면 비슬산 참꽃 축제가 열립니다. 언젠가 여러분도 한번 비슬산 등산도 하고 참꽃도 즐겨 보기 바랍니다. 가만히 눈을 감고 참꽃의 향을 음미하는 동안 혹시라도 여러분의 머릿속에 어떤 색깔이 그려진다면 여러분은 현대 추상미술의 선구자인 바실리 칸딘스키처럼 공감각을 소유한 천재 예술가일지도 모릅니다.

빛이 있으라

성경의 창세기에 '빛이 있으라'는 말이 있습니다. 흔히 우린 빛을 무지·탄압 등과 같이 어둠으로 상징되는 많은 부정적인 것들로부터 벗어나고자 하는 우리의 의지를 표현하는 데 사용해 왔습니다. 그래서 많은 대학들은 진리를 빛에 비유하는 표어를 내걸고 무지로부터 벗어나고자 노력합니다. 사회적으로도 불의와 억압을 깨고자 하는 의지를 세상에 처음 빛이 드는 새벽으로 비유하거나 어둠을 밝히는 촛불로 표현합니다.

그런데 성경에서 말하는 '빛이 있으라'는 우리가 생각하는 빛이 아니라고 주장하는 연구자들도 있습니다. 즉 성경에서 말하는 빛은 '우주 빅뱅'의 은유적인 표현으로 우리가 생각하는 빛과는 좀 다른 개념이라는 것이죠. 흥미롭게도 '우주 빅뱅' 이론 창시자인 벨기에 천문학자 조르주 르메르트 박사는 가톨릭 사제이기도 합니다.

그런데 뇌과학자 입장에서 중요한 것은 빛이 있어도 빛을 감지하는 감각기관이 없다면 빛을 보지 못한다는 것입니다. 우리는 눈을 통해 빛을 감지합니다. 정확하게는 눈 속에 있는 망막이란 감각기관을 통해 빛을 감지합니다. 눈이 카메라라고 비유한다면 망막은 필름과 같은 존재입니다. 즉 아무리 비싸고 좋은 카메라라도 필름을 넣지 않으면 사진을 남길 수 없는 것처럼, 망막이 없다면 아무리 아름다운 것을 눈에 담아 보아도 우린 실제 볼 수 없을뿐더러 추억으로 남길 수도 없는 것이죠. 망막은 우리 뇌의 발달 과정에서 중추신경계가 돌출되어 만들어진 신경조직입니다. 따라서 망막에 존재하는 신경세포들은 중추신경계 속의 신경세포들처럼 한 번 훼손되면 재생이 되지 않습니다. 망막의 황반에 존재하는 신경세포가 파괴되는 황반변성이나 여러 가지 이유로 망막의 시신경이 파괴되는 녹내장과 같은 시각 질환은 일단 발병하면 완전한 시력 회복이 불가능한 것이 그런 이유입니다.

망막 속에 빛을 감지하는 신경세포는 두 종류가 있는데, 막대세포와 원뿔세포가 그것입니다. 우리가 밝고 어두운 것을 구별하는 것은 막대세포의 덕이고, 색깔을 구별하는 것은 원뿔세포의 덕입니다. 특히 우리가 밝고 어두운 것을 구별하도록

해 주는 막대세포는 빛에 아주 민감해 아주 미세한 양의 빛도 감지할 수 있습니다. 많은 시각 연구자들은 과연 인간의 막대세포가 정말 얼마나 미세한 빛까지도 감지할 수 있을까 궁금해했습니다. 양자물리학의 발전으로 빛은 광자라는 물질을 담고 있는 에너지임을 알게 되었고, 이후 시각 연구자들은 사람이 빛의 최소 단위인 하나의 광자를 감지할 수 있는지를 연구했습니다.

최근 미국 록펠러대학교의 알리파샤 바지리 교수 연구진은 '사람이 하나의 광자를 감지할 수 있다'는 것을 밝혀냈습니다. 완전히 빛이 차단된 곳에 실험 참가자를 두고 하나의 광자를 눈에 쏘아 주거나 쏘지 않고 정말로 빛을 보았는지 여부를 물어보고 그 대답에 얼마나 확신을 하는지도 다시 물어보았습니다. 무려 3만 번이 넘는 시도를 통해 통계적으로 유의미한 결과를 얻었으며, 그 결과 사람은 하나의 광자를 감지할 수 있다는 것을 증명했습니다. 사실 실험 참가자들은 생물학적으로는 실제 광자를 감지하지 못했을 수도 있습니다. 그냥 뇌가 광자가 있다는 것을 느낀 것이죠. 바지리 교수 역시 이번 실험 결과의 의의를 "가장 놀라운 점은 빛을 보는 것이 아니라는 것입니다. 상상의 문턱에 선 느낌입니다"라고 표현하기도 했습니다. 태초에 빛이 있었을 때 얼마나 많은 수의 광자가 있었는지 그리고 사람들이 그것을 볼 수 있었는지를, 앞으로 우리나라 미래 과학자들이 이번 연구처럼 양자물리학과 뇌과학 간의 융합 연구를 통해 밝혀 주길 기대합니다.

향기 공감각

뇌 속에서 일어나는 두 감각의 만남

공감각synesthesia이란 인간의 오감을 담당하는 감각기관 중 한 감각기관에 자극이 주어졌을 때 그 자극이 다른 감각에도 영향을 미치는 현상을 말합니다. 예를 들면 음악을 들으면 귀로만 음악이 들리는 것이 아니라 마치 음악이 색처럼 느껴져 머릿속에 수채화가 그려지는 현상입니다. 이런 이유로 공감각을 창의성 혹은 예술성과 연계하여 생각하는 경우가 많습니다. 호주 멜버른대학교의 애니아 리치 교수 연구진의 연구에 따르면 공감각을 경험하는 사람들의 24퍼센트가 예술 관련 직업을 가지고 있다고 합니다. 일반인의 경우에는 대략 2퍼센트 정도인 것을 감안한다면, 공감각을 경험하는 사람들이 예술 분야에 종사할 확률은 아주 높다고 말할 수 있습니다. 사실 이렇게 특별한 공감각 능력을 가진 사람도 있지만 평범한 사람들도 어느 정도의 공감각을 경험합니다. 예를 들어 여름에 붉은색으로 칠해진 카페에 가면 푸른색으로 칠해진 카페에 비해 더 덥게 느껴지는데, 이런 경험은 색이란 시각 정보가 온도라는 체감각 정보에 영향을 끼친 공감각 경험의 예입니다. 눈으로 느끼는 시각정보는 단순히 푸른색과 붉은색이기 때문에 차가운 색이나 따뜻한 색이란 표현은 시각정보를 설명하는 표현이 아닙니다. 또 다른 예로 사람의 목소리를 '날카롭다' 혹은 '부드럽다'라 표현하는 것입니다. 소리는 주파수를 갖는 진동 에너지로 '날카롭다'나 '부드럽다'와 같은 체감각으로 감지할 수 있는 감각 정보가 아니기 때문입니다. 이처럼 우리는 조금이나마 어떤 형태의 공감각을 경험하며 살아갑니다. 따라서 공감각 경험이란 두 감각의 통합 교류를 고조시키는 보편적인 경험이라 생각하면 될 것 같습니다.

우리가 공감각을 경험하는 이유는 아직 논란이 있으나, 많은 뇌과학자들은 뇌 속 정보처리 과정에서 빚어지는 혼선을 원인으로 주목합니다. 혼선이 발생하는 이유 역시 여러 가설이 있으나, 우선 뇌의 발달 과정에서 감각 정보를 처리하는 회로를 형성하는데 이때 이상이 생겨 발생하는 문제라는 설과, 발생 초기에 모든 감각기관 정보를 처리하는 것이 세밀하게 정리되어 있지 않으나 점차 뇌의 발달이 마무리되는 과정에서 각 감각기관에 맞는 정보처리회로로 분리되어 정리가 되어야 하는데 여러 이유로 이러한 과정이 제대로 마무리되지 못해 발생하는 문제라는 설이 있습니다. 실제 공감각을 경험하는 사람들이 약물 복용이나 외상, 간질을 경험하거나 시력이나 청력을 후천적으로 잃은 사람들에게서 발견되는 임상 예는, 공감각 경험이 뇌 속 정보처리회로의 혼선 때문이란 이론에 무게를 실어 줍니다. 대부분의 뇌과학자들은 공감각의 원인에 시상thalamus이란 기관이 관여할 것이라는 것에는 동의합니다. 시상은 여러 감각 정보들이 눈·귀·코·혀등 감각기관의 특별한 수용기를 거쳐 뇌에 도달하면 이 모든 감각 정보들을 종합하여 대뇌피질로 전달하는 중계 핵이기 때문입니다. 따라서 시상에서 신경회로의 혼선이 빚어지면 감각기관과 감각 정보 간에 일대일 대응이 일어나지 못하고, 하나의 감각기관과 처리하는 감각 정보가 다수 관여하는 혼돈, 즉 공감각을 경험하게 됩니다.

공감각은 감각 경험을 풍부하게 해 주는 순기능이 있고, 공감각을 동반한 정보 전달은 상대방에게 강한 기억으로 남는 경우가 많아 이를 활용하는 경우가 많습니다. 앞에서 언급한 것처럼 계절에 맞는 색을 이용하여 소비자가 느끼는 체감온도에 변화를 주는 마케팅도 가능합니다. 공감각을 활용한 가장 대표적인 예라면 뮤직비디오나 영화의 음향효과 기술을 들 수 있습니다. 갓 맺어진 연인들이 조심스럽게 걷는 장면에는 너무 높지 않은 고음에 스타카토가 들어간 음악을 들려주어 관객도 함께 사뿐사뿐 따라 걷는 느낌을 주고, 마피아의 두목이 자신의 하수인에게 암살 지령을 내릴 때는 저음이 풍부한 음악으로 마치 관객이 거부할 수 없는, 그러나 옳지 않은 임무를 마음 무겁게 받아들이는 느낌을 받게 합니다.

우리 주변에 후각과 연계된 공감각을 활용한 예도 많습니다. 2012년 동경 메트로폴리탄대학교의 야수시 이케이 박사 연구진이 '기상 시스템과 멀티미디어에 관한 국제 콘퍼런스 International Conference on Virtual Systems and Multimedia'에 발표한 연구에 따르면 후각 자극을 포함한 오감의 자극을 통해 여행 마케팅에 사용할 수 있는 가상 여행 시스템을 개발하기도 했습니다. 이러한 가상 여행은 단순히 눈으로 보는 것만으로는 경험하지 못하는 현장감을 제공할 수 있습니다. 또한 2016년 국내 성균관대학교의 김소정 박사 연구진이 《한국HCI회보 Proceedings of Human-Computer-Interface Korea》에 발표한 연구 결과에 따르면, 광고 영상이 향과 같이 제시되었을 때 사람들은 즐거움이나 흥분과 같은 감정을 더 쉽게 느낀다고 합니다. 그리고 실제 최근 국내 4DX 영화관에서 영화 상영 중에 향을 뿌려 관객에게 후각과 연계된 공감각을 경험하게 하는 영화를 개봉하기도 했습니다. 영화 속에서 후각과 연계된 공감각을 상상해 보자면, 주인공이 커피를 마시는 장면에 커피 향을 뿌려 마치 관객들이 주인공과 같은 카페에 있는 듯한 착각을 일으키게 하는 것입니다. 여기에 음향효과를 더하게 된다면 색다른 공감각을 경험하게 될 것입니다. 주말 아침 주인공이 자신의 아이와 함께 밝은 음악이 흘러나오는 동네 빵집에서 커피를 마시는 장면에 극장에서 퍼지는 커피 향과, 한 실연당한 사람이 어두운 골목 끝, 슬픈 이별 노래가 흘러나오는 작은 카페에서 커피를 마시는 장면에서 퍼지는 커피 향은, 같은 커피 향 조성물이라도 전자는 가벼운 향으로 후자는 무겁고 씁쓸한 향으로 느껴지는 공감각 경험을 하게 할 것입니다. 유사하게 책이나 물건에 촉감과 향을 활용해 체감각과 후각을 연계하는 공감각 경험을 유발할 수도 있습니다. 책 내용에 따른 향이 더해진다면, 독자는 책을 읽으면서 작가의 의도에 더 공감하게 될 것입니다.

앞으로 증강현실이나 가상현실이 더욱 보편화된다면 아마도 공감각을 이용한 제품이나 서비스는 더욱 풍성해질 것이라 생각됩니다. 이에 따라 뇌가 지나치게 혹사하여 지금까지는 경험하지 못한 뇌 질환이나 장애가 나타나는 부작용도 걱정이 됩니다. 뇌과학자들은 이런 문제에 더 관심을 갖고 공감각에 대한 기초연구를 강화하고, 개발자들은 소비자들이 경험하는 작은 부작용도 놓치지 않고 개선하려는 노력을 할 필요가 있습니다. 여러 가지 우려에도 불구하고 공감각은 지나치지만 않다면 우리의 감정을 풍부하게 만들어 같은 일도 더 행복하고 즐겁게 느끼게 해 줄 수 있을 것이고, 어린 학생들에게는 예술적 창의력도 길러 주는 좋은 학습 도구로 활용될 수 있으리라 기대합니다.

4장

아픔의 뇌과학

글루미 선데이

사람들은 보통 긴 휴일을 보내고 나면 휴일 마지막 날 더 우울해진다고 합니다. 휴일이 아니더라도 샐러리맨들에게 월요일을 앞둔 일요일 밤은 늘 우울합니다. 그래서 '우울한 일요일'에 관한 이야기를 해 볼까 합니다.

1933년 헝가리의 한 피아니스트 겸 작곡가가 실연의 슬픔에 한 노래를 작곡합니다. 그런데 이 노래를 연주하던 오케스트라의 단원들이 연주 중에 자살을 하는 등, 헝가리에서 이 노래를 듣다가 자살하는 사람이 계속 늘어나 결국 180여 명이 목숨을 스스로 끊었습니다. 이에 헝가리 정부는 이 노래를 방송금지곡으로 정하고 원본 악보를 태워 버렸다고 합니다. 이 노래가 바로 '자살의 송가'로 더 잘 알려진 '글루미 선데이Gloomy Sunday'란 곡입니다.

원제는 헝가리어로 '슬픈 일요일'이란 뜻의 '소모루 버

샤르너프Szomorú Vasárnap'입니다. 이 노래에 저주가 걸려 있어 듣는 사람은 자신도 모르게 자살을 하게 된다는 등 많은 이야기가 전해져 내려오고, 이를 바탕으로 동명의 영화로도 제작된 바가 있습니다. 과연 정말 그럴까요? 사실 헝가리는 '글루미 선데이'가 알려지기 전부터 높은 자살률을 보이던 나라입니다. 현재까지도 OECD(경제협력개발기구) 통계에 의하면 헝가리는 자살률에서 최상위를 보이고 있습니다. 높은 자살률의 원인을 햇빛을 많이 볼 수 없는 헝가리의 축축한 날씨에서 찾기도 하지만, 공식 원인은 실업과 빈부 격차라고 합니다.

사람들은 삶의 문제가 각박해지고 당장의 해결책이 보이지 않을 때 사회에 복수하는 동시에 자신의 문제를 해결하는 방안으로 자살을 선택하는 경향이 있다고 합니다. 그런데 이런 극단적인 선택의 전조로 늘 우울증이 나타난다고 합니다. 현재 우리나라도 우울증으로 고통받는 사람들의 수가 증가하고 있습니다. 특히 20대 초반 청년기 우울증이 급증하고 있는데 이는 대학 입시, 군 입대, 취업, 결혼, 다양한 인간관계 등으로 어깨의 짐은 점차 늘어 가는데 길은 잘 보이지 않아 그런 것 같습니다.

사실 10대에서 벗어나 20대로 넘어오면서 젊은이들은

몸도 마음도 성장통을 겪습니다. 뇌 성장 관점으로 보면 정신적 성숙이 마무리되고 있으나, 아직은 세상과 맞설 준비가 되지 않은 미생의 시기입니다. 그래서 자신의 앞을 막아선 온갖 문제들이 유발하는 스트레스를 견디기가 쉽지 않습니다. 이에 젊은이들은 스트레스로 인한 우울증으로 고통받습니다. 실제 최근 조사에 의하면 우리나라에서 우울증을 경험한 20대가 무려 38.9퍼센트에 육박한다고 합니다.

청년기에 겪는 불안감이나 우울감은 스트레스로 인한 일시적 증상일 수도 있으나, 전문가들은 치료가 필요한 정신 질환의 초기 증상일 수도 있다고 경고합니다. 때문에 극심한 스트레스에 시달리는 청년이라면 빨리 정신 건강검진을 받아 볼 필요가 있다고 조언합니다. 사회의 시선 때문에 치료받을 수 있는 적기를 놓치게 되면 평생을 정신적으로 힘들게 살게 될지도 모르기 때문입니다.

사람들은 가벼운 스트레스부터 털어 내는 훈련이 필요한 것 같습니다. 긍정적인 태도야말로 스트레스 해소의 출발점입니다. 그리고 평소 자주 친구나 가족에게 수다를 떨어 자신의 스트레스를 털어놓는 훈련도 필요합니다. 수다를 통해 자신의 뒤죽박죽된 마음이 정리되기도 하기 때문입니다. 그리고 좋은 꽃향기를 맡는 것도 좋겠죠. 향은 마음을 편안하게 해 주고 행복한 기억과 감정을 돌려주는 추억 창고의 열쇠이니까요.

노벨상 받은
일본 원로학자의 한 연구

2016년 10월 4일 스웨덴 카롤린스카의학연구소는 올해 노벨 생리·의학상 수상자로 일본 도쿄공업대학교 명예교수로 재직 중인 오스미 요시노리 교수를 선정했습니다. 이번 노벨상 수상은 요시노리 교수가 지난 40여 년간 세포 내 노폐물을 청소하는 '자가포식(오토파지, autophagy)' 연구를 꾸준히 진행해 암, 당뇨, 퇴행성 뇌질환 등을 극복할 수 있는 기초과학 지식을 축적한 공로를 인정한 것입니다.

자가포식, 즉 autophagy의 어원은 '자신auto'을, '먹는 일phagy'입니다. 즉, 제 살 깎아 먹기란 말이죠. 이런 기괴한 이름은 세포가 생존이 어려울 정도로 악조건에 빠지면 스스로 살아남고자 세포 내 불필요하거나 퇴화한 단백질, 소기관을 분해해 영양분으로 재활용하게 되는데 그 형상이 마치 세포가 제 몸 일부를 스스로 잡아먹는 것과 같다는 데서 유래했습니다.

즉 자가포식은 악조건에 빠진 세포가 보이는 생존 반응입니다. 세포가 악조건에 빠지면 크게 세 가지 반응을 합니다. 외부 요인으로 준비도 없이 세포가 죽는 괴사necrosis 반응, 세포가 악조건에 빠지면 자살을 하는 세포자살(apoptosis, 2002년 노벨 생리·의학상 수상) 반응, 그리고 이번 노벨상 수상으로 주목받게 된 자가포식 반응입니다. 예를 들어 우리가 칼에 베여 피부가 상하거나 어딘가에 부딪혀 멍이 드는 경우 세포가 괴사하는데, 일단 세포가 괴사하면 세포 안의 물질들이 그대로 흘러나와 주변 세포가 재활용을 할 수 없습니다.

반면 세포가 세포자살을 하게 되면 세포는 자신 안의 물질들을 주변 세포들이 사용하기 편하게 정리하고 난 후 죽음을 맞이합니다. 여러 가지 이유로 세포가 더 이상 회복이 불가능한 상태에 이르게 되면 세포자살을 결심하고 다음 단계를 진행하는데, 세포는 단백질들을 작은 크기의 펩타이드로 분해하고, DNA는 200개 정도의 뉴클레오타이드 크기로 잘라 내서 주변 세포들이 흡수해 사용하기 편한 형태로 정리합니다. 세포자살은 세포가 혹시라도 암세포로 변형되어 온몸에 퍼질 위험이 있을 경우 매우 유용한데, 이는 마치 스스로를 희생해 우리 몸 전체를 구하는 살신성인의 모습이라 하겠습니다.

그런데 자가포식은 세포자살과 달리 어떻게든 제 몸까지 깎아 먹으며 생존하기 위해 몸부림치는 정말 처절한 모습입니다. 자가포식은 뇌에 존재하는 신경세포에는 매우 중요합니다. 왜냐하면 뇌 속 신경세포는 한번 죽으면 재생되지 않기 때문입니다. 따라서 뇌 속 신경세포들이 살신성인 자세의 세포자살을 너무 자주 하면 뇌 속 신경세포가 줄어들고 종국에는 치매나 여러 가지 퇴행성 뇌 질환에 걸릴 수 있습니다.

사실 뇌 속 신경세포는 태생적으로 이기적인 세포입니다. 다른 세포와 달리 글루코스와 같은 고급 에너지원이 아니면 영양분으로 사용하지도 않고, 몸에 이상이 생기면 대부분의 산소를 뇌로 불러들이는 등 자신의 생존에만 급급하니까요. 하긴 뇌가 망가지면 우리 몸도 그 기능을 하지 못하니, 그렇게라도 이기적으로 오래 살아남아 우리가 치매로부터 자유로워지면 좋은 일이겠죠?

이런 이유로 많은 연구자들은 자가포식 연구가 향후 알츠하이머병, 파킨슨병 등의 난치성 뇌 질환은 물론 뇌 속 신경세포와 연계된 다양한 뇌 질환 치료법 개발의 열쇠가 될 것이라 기대합니다. 자가포식을 들여다보면 들여다볼수록, 풍요로움이 넘쳐 자원을 펑펑 낭비하며 살아가는 우리 인간들과는 달리 세포는 하루하루 힘들게 생존하면서 버리는 것 하나 없이 재활용하며 알뜰하게 살고 있다는 사실에 놀라곤 합니다.

활발한 자가포식 활동을 통해 재활용을 제대로 안 하면 우리가 결국 암이나 퇴행성 뇌 질환과 같은 무서운 질병에 걸리듯, 어쩌면 알뜰한 재활용 노력 없이 자원을 낭비하고 지구를 소모하며 사는 우리 역시 언제가 크게 후회할지도 모른다는 걱정도 듭니다. 녹색 환경에도 관심이 많은 요시노리 교수를 통해 세포들의 지혜도 배우는 계기가 되면 좋겠습니다.

왜 자꾸 나한테
툭툭대지?

혹시 여러분 주변에 아무 이유 없이 여러분의 말을 계속 따라 해서 성가시게 하거나, 모욕적인 욕설과 음담패설을 일삼아 함께하기 힘든 사람이 있지는 않나요? 또 괜히 아침부터 무슨 말만 하면 반사적으로 툭툭거려 하루를 망치게 하는 사람은 없나요? 앞으로 여러분이 이런 사람을 만난다면, 화를 먼저 내기 전에 혹시 상대방이 특이한 뇌신경 질환을 앓고 있는 사람은 아닌지 확인해 보시기 바랍니다.

이처럼 상대방의 말이나 행동을 무의식적으로 따라 하거나, 의도 없이 상대방에게 모욕적인 언행을 일삼는 증상은 투렛 증후군(Tourette syndrome, 틱장애)이란 신경 질환을 앓고 있는 환자들의 일반적인 모습이기 때문입니다. 투렛 증후군은 프랑스의 의사, 조르주 질 드 라 투렛 박사가 최초로 보고한 신경 질환으로 박사의 이름을 따서 투렛 증후군이라 부르게 되었습니다. 투렛 증후군 환자들은 흔히 무의식적으로 행동을 하거나 소리를 내는 등의 경련tic을 일으키는 증상을 보이기 때문에 '틱장애tic disorder'라고도 알려져 있습니다. 투렛 증후군은 유전성 신경 질환으로 어릴 때 증세가 나타나며, 성장함에 따라 증세가 호전되는 경우가 많습니다. 따라서 어른이 되어서 투렛 증후군으로 신체적 고통을 심각하게 호소하는 경우는 아주 많지는 않습니다.

현재까지 투렛 증후군이 유전성 신경질환이라는 것은 어느 정도 밝혀졌으나 아직 정확한 발병 메커니즘이 알려져 있지 않아 근본적인 치료법 개발은 요원한 상태입니다. 다만 대증적 요법의 일환으로 약물 치료 등을 통해 증세를 완화해 장애를 조절하는 치료법을 사용하고 있습니다. 이처럼 투렛 증후군 환자는 다른 질환들처럼 그 증세가 심각해 생명을 위협받는 경우는 상대적으로 적은 편이나, 환자 자신은 정상적인 사회생활을 하는 데 상당한 어려움을 겪습니다.

이에 투렛 증후군의 원인을 정확히 밝혀 근본적인 치료법을 찾으려는 노력이 활발한데, 최근 DGIST 뇌·인지과학 전공의 김규형 교수 연구진이 투렛 증후군의 원인 유전자의 기능을 밝힌 연구 결과를《공공과학도서관 유전학PLoS Genetics》지에 발표하여 이런 노력에 대한 커다란 실마리를 제공했습니다.

이 연구진은 투렛 증후군 환자의 뇌에서 콜린성 신경세포의 수가 현저히 감소한다는 기존 연구 결과를 바탕으로, 뇌 속의 콜린성 신경세포를 회복하는 것으로 투렛 증후군을 치료할 수 있는지 확인했습니다.

이 연구진은 먼저 콜린성 신경세포의 분화에 중요한 역할을 하는 유전자를 찾아내서, 틱장애와 유사한 증상을 나타내는 '예쁜 꼬마 선충' 질환 모델에 유전자 치료를 시도했는데, 놀랍게도 완전히 정상으로 회복된 것을 발견했습니다. 아직 동물실험 단계라 완전한 근본 치료법 개발에 이르기엔 아직 갈 길이 멀지만, 적어도 앞으로 인간의 투렛 증후군도 근본적으로 치료를 할 수 있다는 가능성을 제시한 것입니다.

앞에서 언급한 것처럼 사실 투렛 증후군은 툭툭대는 얄미운 친구마냥 성가시긴 해도 인연을 끊고 싶을 만큼 치명적인 신경 질환은 아닙니다. 실제 투렛 증후군을 앓고 있으면서도 훌륭하게 사회생활을 하고 있는 사람들도 많습니다. 2015년 타계한 영국 뇌신경과학자이며 의사인 올리버 색스 교수가 본인이 치료한 신경 질환 환자의 케이스를 재미있게 풀어 쓴 『화성의 인류학자』란 책에 매우 흥미로운 투렛 증후군 환자 사례가 등장합니다. 투렛 증후군을 앓고 있으면서도 놀랍게도 고도의 지적 능력과 숙련된 수술 능력으로 어려운 외과 수술을 훌륭하게 척척 해내는 캐나다 종양 외과 의사의 이야기입니다. 이 투렛 증후군 의사는 평소 주변 사람들이 불안해할 정도로 집중을 하지 못하고 산만한 모습인데, 정작 자신의 수술에 몰두할 때는 누구도 이 사람이 환자라는 것을 알아채지 못할 정도로 어려운 외과 수술을 능숙하게 처리했다고 합니다.

현대사회가 복잡해지면서 그 복잡해진 사회에서 생존하기 위해 우리들은 작게는 스트레스성 두통으로부터 크게는 이제껏 알지 못했던 새로운 신경 질환들로 고통을 받고 있습니다. 아마도 오늘 여러분들은 투렛 증후군이란 신경 질환에 대해 처음 들었을 것이라 생각합니다. 오늘부터는 주변에 우리와 다르게 행동하는 사람이 있다면 다짜고짜 밀어내지 말고, 혹시 그 사람이 우리가 잘 모르는 어떤 신경 질환으로 힘들어하는 사람은 아닌지, 혹시 내 도움이 필요한 사람은 아닌지 서로 걱정해주면서 이 힘든 사회를 함께 살아가는 것은 어떨까요? 늘 그렇게 힘든 이에게 어깨를 내주고 또 내가 힘들 때 다른 이의 어깨에 고맙게 의지한다면, 우리는 조금은 더 따뜻한 세상에서 살 수 있지 않을까요?

비만도
'뇌' 하기 나름이다

봄이 오면 사람들은 겨우내 잔뜩 움츠렸던 몸을 활짝 펴고 새봄을 맞을 준비를 합니다. 겨울옷을 벗고 봄옷을 꺼내 입고 거울 앞에 섭니다. 그러곤 뭉크의 작품 '절규' 속에 나오는 사람마냥 두 손으로 볼을 싸안고 비명을 지릅니다. 그저 두껍게 입은 옷 탓에 몸이 조금 커 보이는 줄 알았는데 사실은 그것이 모두 진짜 내 살이었다니! 다이어트를 하겠다고 굳은 결심을 합니다. 그러나 5분도 안 되어 TV 속 배우의 치킨 광고를 보면 우리는 절규하던 자신을 까맣게 잊고 또다시 양손에 닭다리를 잡고 맙니다. 안타까운 이런 현상은 뇌에서 일어나는 우리 몸의 에너지 균형을 조절하는 '렙틴leptin'이라는 호르몬 때문입니다.

1994년에 사람을 비롯한 동물이 일정 수준의 체중과 체지방 유지를 위해 지방세포에서 분비하는 렙틴이 처음 발견되었습니다. 렙틴은 '마른'이란 뜻을 가진 그리스어 leptos에서 유래했습니다. 렙틴 호르몬은 체내 지방량에 비례해 분비되며,

혈액을 통해 뇌로 들어가 식욕을 조절한다고 알려져 있습니다. 실제 동물실험에서 렙틴을 만들지 못하도록 유전자조작을 한 실험 쥐의 경우, 보통 쥐보다 체중이 무려 4배 이상이나 더 무겁고 또한 매우 왕성한 식욕을 보이는 것을 발견했습니다. 체내 지방량이 많아지면 뇌 시상하부로 들어간 렙틴은 우리 몸의 신진대사를 높여 에너지 소비를 늘리고 식욕을 억제하여 음식 섭취량을 줄입니다. 그런데 유전적으로 렙틴을 만들지 못하게 한 실험 쥐는 이러한 식욕 억제가 되지 않으니 계속해서 음식을 먹게되고 보통 쥐보다 훨씬 뚱뚱해지는 것이죠. 실제 이 실험 쥐의 몸 안에 렙틴을 주입해 주면 곧바로 식욕이 다시 억제되고 체지방이 줄어들면서 체중도 정상이 되는 것을 확인할 수 있습니다.

그렇다면 비만인 사람들은 몸 안의 렙틴 호르몬 수치가 높을까요, 낮을까요? 아마도 비만인 사람들은 음식을 잘 먹고 식욕이 높으니 렙틴이 비만이 아닌 사람보다 낮을 것이라 생각되죠? 앞의 실험 결과에서 보면 렙틴을 만들지 못하게 된 쥐가 결국 식욕을 억제하지 못하고 뚱뚱보 쥐가 되었으니까요.

하지만 놀랍게도 실제 비만인 사람의 렙틴 수치는 표준 체중인 사람보다도 오히려 높습니다. 왜냐하면 지방세포에서 만들어지는 렙틴이 늘어난 지방량에 비례하여 분비되기 때문에 그 수치가 높은 것이죠.

그렇다면 이렇게 증가된 렙틴이 어찌해서 식욕을 누르고 대사를 빠르게 해서 에너지 소모량을 늘려 몸을 날씬하게 하지 못하고 반대의 결과를 가져온 것일까요. 이는 '렙틴 저항성'이란 현상 때문입니다. 체내 체지방이 감소하면 렙틴 분비량이 줄어들고 이러한 렙틴 부족 상태에 대해서는 뇌가 빠르게 반응해 곧바로 식욕을 자극하는데, 반면 체지방이 증가해 체내에 렙틴의 양이 지속적으로 높은 상태를 유지하게 되면 렙틴에 대한 뇌의 반응은 더디게 나타납니다. 특히 햄버거나 치킨에 맥주 같은 고칼로리 음식을 과다 섭취하는 경우나 만성 스트레스에 노출되는 경우 또는 유전적 요인으로 우리 몸이 표준 상태보다 높은 렙틴의 양을 감지하지 못하는 경우 우리 몸은 렙틴에 대해 둔감하게 반응하게 됩니다.

결국 비만은 에너지를 만드는 일과 쓰는 일 간의 부조화, 즉 식욕과 대사 활동 조절의 불균형으로 일정한 체중을 유지해 주는 우리 뇌 속 조절 시스템이 제대로 작동하지 못하면서 생기는 질환입니다. 따라서 비만을 치료하기 위해 이러한 우리 뇌 속 조절 시스템을 정상화시키는 방법을 찾는 것이 바람직합니다. 즉 뇌와 지방조직 간의 연결 고리인 렙틴, 특히 렙틴 저항성을 줄일 수 있는 방법으로 식욕을 조절하고 에너지 소비를 향상시키는 약물이 개발된다면 비만은 해결되겠죠? 살찔 걱정이 없는 세상을 위해 이런 약물이 빨리 개발되길 기대해 봅니다.

죽을병에 걸려도
정신만 차리면

원효대사가 유학을 떠나다 해골 물을 마신 일화를 모르는 분은 없겠죠? 밤에 갈증이 나서 마신 그 물은 그렇게도 달콤했는데, 아침에 그 물이 해골에 담긴 빗물인 줄 알고 나니 똑같은 물인데도 역겹고 구토를 나게 했다는 일화죠. 즉, 세상사 다 마음먹기 나름이라는 교훈입니다. 오늘은 마음먹기 따라 우리 몸이 어떻게 반응하는지에 대해 이야기해 보겠습니다.

독감에 걸리면 밤새 기침으로 잠을 설치거나 몸살로 힘들어지고 이러다 혹시 큰 병이 되는 것이 아닐까 괜히 마음이 약해집니다. 마음이 약해지면 병치레도 훨씬 오래 합니다. 하지만 어떤 사람들은 병에 걸려도 밥도 잘 먹고 약도 잘 먹으면서 의외로 쉽게 병을 훌훌 털어 버리기도 합니다.

이런 일은 단순히 우연일까요? 사실 이런 일은 절대 우연이 아니라 우리 뇌가 선물하는 놀라운 기적입니다. 이렇게 마음이 몸을 조절하는 현상을 연구하는 뇌 연구 분야가 있는데, 이를 최초로 주창한 사람은 미국 로체스터대학교의 심리학자 로버트 에이더와 면역학자 니컬러스 코언 입니다. 쥐에게 인공감미료인 사카린을 넣은 물과 면역을 떨어뜨리고 구토를 유발하는 약물을 함께 주입하면, 쥐는 사카린이 든 물을 마실 때마다 구토로 몹시 힘들어하고 면역력도 떨어져 병에도 쉽게 걸립니다. 나중에는 구토 약물 없이 사카린만 줘도 구토를 하고 면역력도 떨어져 결국 쥐가 죽게 된다는 것을 알아냈습니다.

이후 이런 일이 뇌에서 보내는 신호가 면역기관에 영향을 미치는 현상임을 밝히면서 새로이 '정신신경면역학Psycho-neuroimmunology'이라는 분야가 등장하게 된 것입니다. 즉, 우리는 마음먹기에 따라 면역기관을 활성화시킬 수도 억제할 수도 있다는 것입니다. 정신신경면역학은 암이나 후천성 면역 결핍 증후군AIDS 환자들을 치료하는 과정에서 경험하게 되는 '자연치유'란 현상을 설명하면서 더욱 각광을 받게 되었습니다. 예로 1980년대 초반 세계를 공포에 몰아넣은 후천성 면역 결핍 증후군에 대한 환자 역학조사에서 정신신경면역학이 주목을 받게 되었습니다. 후천성 면역 결핍 증후군이란, HIV에 감염되면 신체의 면역력과 저항력이 저하되면서 서서히 죽게 되는 질환입

니다. 처음 알려질 당시에는 5년 생존율(특정 질환 환자가 특정 질환 대상의 치료를 받은 날부터 5년 후에도 생존할 확률)은 거의 0에 가까웠습니다. 즉, 이 병에 걸리면 죽는 날만 기다리게 되는 그런 무서운 병이었습니다. 그런데 AIDS 환자 수가 늘어남에 따라 5년 생존율을 넘어 생존하는 환자들이 하나둘씩 나타나기 시작했습니다.

이런 기적과도 같은 회복에 놀란 의료진은 이런 환자들과 그렇지 못한 환자들을 비교하는 연구를 시작했는데, 그 결과는 놀라웠습니다. 병을 극복한 환자들에게서 한 가지 공통점을 찾아냈기 때문입니다. 그건 바로 '긍정적인 마음 자세'였다고 합니다. 즉, 병에 굴복하지 않고 자신은 병이 나을 것이라 굳게 믿는 긍정적인 생각이 스스로 몸의 면역력을 높여 의료진도 포기한 환자의 병을 치유케 한 것입니다.

이러한 현상은 암환자들에게서도 크게 다르지 않았습니다. 본인이 암을 극복할 것이라 믿는 긍정적인 자세로 항암치료를 받은 환자들의 생존율이 그렇지 못한 환자들에 비해 훨씬 높다는 것을 발견한 것입니다. 이러한 현상은 환자들에게만 국한된 일은 아닙니다. 환자가 아닌 사람들도 스트레스를 너무 많이 또 너무 오래 받으면 면역력이 떨어져 신체에 병이 올 수 있습니다. 따라서 평소에 긍정적인 태도로 생활한다면 여러분이 뇌는 잔병쯤은 거뜬히 이겨 낼 힘을 줄 것입니다. 즉, 호랑이처럼 무서운 병이 닥쳐와도 정신을 바짝 차리고 마음을 굳게 먹는다면 여러분의 뇌에서 긍정의 신호를 발산하고, 이에 힘을 얻은 면역기관이 병과 싸워 이겨 낼 것입니다.

2015년 10월 5일, 스웨덴 카롤린스카의학연구소는 올해 노벨 생리·의학상 수상자로 아일랜드 출신 윌리엄 캠벨 박사와 일본의 오무라 사토시 박사, 중국의 투유유 박사를 선정했습니다. 이 노벨상 수상은 우리의 생명을 끊임없이 위협해 온 기생충과 말라리아에 대한 치료법을 발견한 공로를 인정받아 이뤄졌습니다. 캠벨과 오무라 박사는 약학자로서 기생충을 박멸할 수 있는 약물인 아버멕틴을 발견했으며, 투유유 박사는 말라리아 특효약인 아르테미시닌을 발견했습니다.

실제 기생충과 말라리아는 아직도 세계적으로 연간 수억 명의 생명을 위협하고 있으며, 특히 환경이 열악한 중남미나 아프리카에서는 더욱 심각합니다. 이 세 약학자의 위대한 발견 덕에 인류는 아주 저렴한 비용으로 치명적인 기생충이나 말라리아로부터 생명을 보호받게 된 것입니다.

지난 30여 년 우리나라는 꾸준히 보건의료 환경을 개선해 온 덕분에 기생충 감염 질환이 거의 사라졌지만, 최근 애완동물을 기르는 사람과 해외여행 중 동물과 접촉한 사람들 등으로 인해 다시 기생충 감염 질환이 나타나는 추세입니다. 기생충은 이름 그대로 누군가에게 기생해야 살 수 있는 동물로, 일단 숙주의 몸에 들어가 성충으로 성장하는 동안 숙주의 양분을 가로채 숙주를 서서히 쇠약하게 하는 아주 고약한 동물입니다. 기생충 중에는 뇌에 침투하여 숙주의 신경계를 조종하거나 파괴하는 경우도 있습니다.

언젠가 영화의 주인공이 되어 유명해진 연가시란 기생충은 철선충(철사벌레)이란 기생충인데, 감염 후 곤충의 신경조직을 조종해 물가로 이동해 자살하게 하는 특이한 기생충입니다. 이러한 곤충의 자살행위는 숙주가 죽은 후 연가시가 물을 통해 쉽게 다음 숙주를 찾아가도록 하기 위한 자연의 정교한 프로그램이라 합니다. 유사하게 톡소포자충이란 기생충은 쥐의 뇌를 조종하여 고양이를 봐도 전혀 무서워하지 않게 만드는데, 기생충이 이러한 조종을 하는 이유는 최종 숙주인 고양이가 쥐를 잘 잡아먹도록 하기 위해서입니다.

다행스럽게도 아직 사람의 뇌에 기생하면서 우리를 조

종하는 기생충은 발견되지 않았습니다. 그러나 기생충이 뇌에 감염되어 뇌가 손상되거나 생명이 위협을 받는 경우는 많습니다. 2012년 발간된 《의사학》지에는 1958년에 뇌에 폐흡충이란 기생충이 감염되어 초등학교 3학년 정도의 지능과 만성적인 간질 발작으로 고통받는 23세 청년의 치료 사례가 소개되었습니다. 그때는 아직 효과적인 항기생충 약물이 보급되기 전이라 수술만이 유일한 완치법이었습니다.

이날 집도를 맡은 분은 우리나라 뇌 수술의 지평을 연 서울대학교병원 신경외과 과장 심보성 박사였습니다. 처음에는 우측 뇌 일부에 보이는 폐흡충을 제거하기 위해 수술을 시작했는데, 막상 수술을 시작하고 보니 폐흡충이 차지한 뇌의 영역이 너무 넓게 퍼져 있어 결국 뇌의 반구 전체를 들어내는 엄청난 수술을 진행하게 되었습니다. 수술은 성공리에 마칠 수 있었고, 이후 이 청년은 일상생활이 가능할 정도로 지능도 회복되었다고 합니다.

이러한 뇌의 기생충 감염은 고기를 충분히 익히지 않아 미처 살균되지 않은 촌충 알이나 유충이 남아 있는 돼지고기를 먹은 인간에게 흔히 일어납니다. 기생충이 뇌실이나 뇌 척수액 통로를 막아 뇌 내 압력이 상승하게 되면 두통, 구토 등을 유발합니다. 아주 드물지만 뇌동맥을 막아 뇌경색을 발생시켜 마비를 일으키기도 하고, 뇌실질에 다발성으로 발생하면 치매를 유발할 수도 있습니다. 척수에 발생하면 하지 마비를 일으키기도 합니다. 이런 무서운 질환은 늘 식사 전에 손을 깨끗이 씻고 반드시 위생적으로 양돈된 돼지고기를 확실하게 익혀 먹으면 충분히 예방이 가능합니다.

　　기생충에 관련된 노벨상 수상 소식을 접하고는 어린 시절 동네 길거리에서 봉술이나 서커스를 보여 주고 "애들은 가라"면서 구충제를 팔던, 이젠 까맣게 잊었던 약장수 아저씨가 떠올랐습니다. 사실 앞서 말한 청년도 캠벨 박사와 사토시 박사가 발견한 구충제 몇 알만 있었더라면 애초에 육체적 고통을 받지 않았을 것이고, 뇌의 반쪽을 들어내는 큰 수술을 받지 않아도 되었을 것입니다. 그런 점에서 이번 노벨 생리·의학상 수상은 단순 과학 발달에 대한 헌정 외에도 인류애까지 느껴지는 훈훈한 선정이란 생각입니다. 다만 좀 서운한 것은 이번 노벨상 수상자가 중·일 출신 과학자뿐이라 늘 함께 따라다니는 '한·중·일'이라는 수식어가 사용되지 않은 것입니다. 이 서운함과 안타까움은 우리나라 미래 영재들이 반드시 풀어 주리라 기대해 봅니다.

천상의 노래

2017년 겨울, 서울에서 열린 '국가 뇌 연구 발전 전략 공개 포럼' 행사 중 하나인 과학 콘서트의 강연자로 초청되어 참석을 했습니다. 이날 저는 참으로 대단한 경험을 했습니다. 강연 이후 영화배우이자 탤런트인 손현주가 후원하고 직접 단장을 맡고 있는 '에반젤리 합창단'이 노래를 부르는 것을 보게 된 것입니다.

이 합창단의 등장부터 특이했는데 합창단원을 무대 위로 안내하는 사람의 수가 무척 많았습니다. 이 합창단원들은 사실 모두 발달장애를 앓고 있는 청소년이었기 때문입니다. 똑바로 서 있기 힘든 학생부터 사람들과 눈을 맞추기 어려워하는 학생까지 20여 명이 무대에 올라 노래를 불렀습니다. 음정도 불안하고 코러스도 잘 맞지 않았지만 홀에 있는 어느 누구도 그것에 개의치 않아 하는 듯 보였습니다. 힘든 모습이지만 행복한 모습으로 노래를 부르는 그 학생들을 바라보는 모든 청중은 모두 기적을 보는 듯한 눈빛을 보였습니다.

이들 학생이 앓고 있는 발달장애는 정신적으로나 신체적으로나 나이만큼 발달하지 않은 상태를 말하는데, 일반적으로 정신지체와 뇌성마비, 자폐증, 레트 증후군, 전반적 발달장애 등이 있습니다. 이러한 발달장애는 후천적인 요인보다는 태어날 때부터 발달상의 지체를 보이는 경우가 대부분입니다. 이런 안타까운 질환의 원인으로 지목받는 것은 여러 가지가 있는데 가장 대표적인 것은 유전적인 원인과 뇌 구조상의 문제입니다.

최근 산업화의 영향으로 환경호르몬이나 중금속에 의한 발병도 제기되고 있으며, 흔치 않게는 예방 접종의 부작용도 요인으로 알려져 있습니다. 원인은 다양하지만 가장 증세를 악화시키는 것은 뇌의 불균형적인 발달입니다. 이로 인해 정상적인 생활이 어려운 언어장애, 운동장애 등이 발생합니다. 이러한 증상을 호전시키기 위해 여러 가지 치료법들이 제시되었는데 그중 음악 치료가 주목을 받고 있습니다. 실제 음악은 역사적으로 인류의 대표적인 문화적 유산으로, 힘든 일상에 지친 인류에게 위안을 선물했습니다.

이에 이러한 음악의 치유 효과를 통해 발달장애를 치료하려는 시도가 계속되었습니다. 실제 정상적으로 대화가 불가

능한 사람에게 음악은 정신생물학적 접근을 허용했으며, 학습에
도 도움을 주어 지적장애를 극복하는 데 도움을 주기도 합니다.
그리고 가장 중요한 것은 환자가 음악을 접하는 즐거운 경험을
통해 행복감을 느끼면서 스스로 힘든 현실을 극복하려는 의지
를 다지기도 합니다. 실제 2008년 《대한음악치료학회지》에 발
표된 정효숙 박사의 논문에 따르면 발달장애 아동들이 음악치
료 프로그램을 통해 사회 정서적 발달에 긍정적 효과를 얻었으
며, 학교에서는 좀 더 안정적인 생활이 가능해지고 성취동기나
호기심이 증대되는 효과를 가져왔다고 합니다.

　　　　에반젤리 합창단의 학생들이 노래 한 곡을 연습하기
위해 걸리는 시간은 6개월이라 합니다. 평범한 학생들에 비해
어마어마한 노력을 쏟아야 가능한 합창이었기에, 또 그 합창단
을 바라보는 사람들이 그 노력에 공감했기에 그 합창곡의 완성
도와는 무관하게 사람들의 가슴을 울렸던 것 같습니다. 그날 그
합창단의 노래를 휴대폰에 동영상으로 저장했습니다. 저녁에 서
울에서 대구로 가는 버스에서 그 영상을 다시 보았습니다. 〈미
션〉이란 영화에서 원주민들이 추기경 앞에서 노래를 부르는 장
면이 떠올랐습니다. 음악은 그들의 발달장애를 치유하기도 했
지만, 도리어 그 음악을 듣고 있는 저의 뇌도 치유하는 듯했습니

다. 그들은 정말 모든 마음의 병을 치유하는 천상의 노래를 부르는 천사들이었습니다.

발달장애인
골리앗

매년 4월 20일은 장애인의 날입니다. 장애인의 날은 장애인에 대한 국민의 이해를 깊게 하고 장애인의 재활 의욕을 높이기 위해 제정된 대한민국의 법정 기념일입니다. 장애인들은 비장애인이 무의식적으로 쉽게 건너는 건널목조차도 높은 담으로 느끼는 등 일상생활에서 많은 불편을 겪습니다. 장애 중에서도 발달장애는 출생과 성장기에 뇌 발달에 문제가 발생한 질환으로, 지적·사회적·신체적 기능 손상이 영구적으로 지속되어 정상적인 사회생활을 하는 데 커다란 어려움을 줍니다.

사실 장애인들은 일상생활의 불편만큼이나 주변의 편견과 싸우느라 더 힘들어합니다. 여러분 중에 '다윗과 골리앗' 이야기를 모르는 분은 아무도 없을 것입니다. 대부분 사람은 다윗을 벤치마킹하여 스포츠나 비즈니스 세계에서 거대한 적을 제압하기 위한 용기와 전략을 본받으라고 합니다. 그래서 다윗의 상대인 골리앗은 늘 반칙을 일삼는 잔인무도한 거인 전사이

거나 불공정한 거래를 일삼는 거대 악덕 그룹으로 주로 묘사됩니다.

그러나 이스라엘 신경외과 의사인 모세스 페인소드 교수가 1995년과 1997년 발표한 논문에 의하면, 골리앗은 뇌하수체종양을 가진 장애인으로 종양이 시신경 교차부위를 눌러 시야장애를 가졌을 것이라 주장합니다. 뇌하수체는 뇌 속 조직으로 시상하부와 연결되어 우리 몸의 호르몬 분비 및 조절에 관여하고, 종양이 발생하면 기능항진이 일어나 거인증, 말단비대증이 올 수 있습니다. 또한 뇌하수체 주위에는 시신경, 시신경 교차부위, 측두엽과 같은 중요한 기관들이 위치합니다. 특히 시신경 교차부위는 좌우 눈에서 오는 정보가 교차되는 곳인데, 이곳 신경이 절단되거나 손상되면 거의 정면만 보일 정도로 시야가 급격히 좁아지게 됩니다.

2000년 이스라엘 소로카대학교 신경과 의사인 블라드미르 버기너 교수가 《이스라엘 약사 연합 저널Israel Medical Association Journal》지에 발표한 내용 역시 페인소드 교수의 발표를 뒷받침합니다. 연구진은 몇 가지 증거를 들고 있는데, 첫째 골리앗이 늘 방패를 들고 다니는 사람을 앞에 두었다는 점입니다. 이는 시야가 좁은 골리앗의 길 안내를 하기 위함이란 주장입니다. 둘째 골리앗이 다윗에게 말하길 "네가 나를 개로 여기고 막대기들sticks을 가지고 내게 나왔느냐"고 하는데, 이도 역시 시신경 교차부위 손상으로 시각장애가 와서 다윗 손에 들린 하나의 막대기stick가 여러 개sticks로 보였을 것이라 설명합니다. 마지막으로, 다윗이 던진 돌팔매에 의해 골리앗의 이마에 돌이 박히면서 싸움은 끝이 나는데, 뇌하수체종양으로 인한 성장호르몬 과다 분비 환자는 이마 쪽의 부비강이 커지면서 뼈의 두께가 얇아지므로 이러한 충격에 특히 취약했을 것이라 설명합니다.

이러한 이야기들이 모두 성경에 나오는 문구에 대한 추측만은 아닙니다. 실제 1864년 안드레아 베르가 교수는 뇌하수체종양으로 인한 장애 환자에 대해 호두 크기의 뇌하수체종양이 시신경 교차부위를 누르고 있음을 확인했고, 1886년 프랑스 신경학자 피에르 마리 교수가 말단비대증이라는 용어를 최초로 사용하면서 거인증에 해당하는 증상을 상세히 기술했습니다.

영국의 애니메이션 작가 톰 골드는 〈골리앗〉이란 작품에서 역사적 편견 없이 골리앗을 재조명합니다. '혹시 골리앗은 사실 덩치만 컸지 마음 여린 병사가 아니었을까'라는 가정으로 시작해, 그저 순수한 농부였던 골리앗이 덩치가 크다는 이유로 남들에게 겁을 주는 존재가 되고, 그 외모 때문에 전쟁터에 끌려와 본인의 의지와 무관하게 전장의 선봉으로 섰다가 쓸쓸히 죽음을 맞이한다는 이야기를 흥미롭게 풀어 갑니다.

이 만화를 보고 나면 골리앗은 전쟁터로 갈 사람이 아니라, 그의 신체적·정신적 고통을 이해하고 이를 극복하도록 우리가 돌봐야 할 장애인으로 보입니다. 장애인들이 신체적 불편과 편견이 없는 사회에서 더불어 살아가는 미래를 기대해 봅니다. 그때 함께 사는 골리앗은 무서운 골리앗이 아니라 아마도 더불어 사는 행복한 골리앗일 겁니다.

길 잃은
추억을 찾아서

사람들은 오감을 통해 매일 많은 정보를 뇌에 저장합니다. 눈부신 햇살에 아침잠을 깨고, 포근한 이불 속에서 나와, 향이 좋은 커피를 마시며 신문을 보고, 라디오에서 흘러나오는 음악을 듣기도 합니다. 음악을 듣다가 문득 어제 오랜만에 만난 초등학교 동창 친구들을 떠올립니다. 해가 지도록 학교 운동장에서 고무줄놀이를 하다 엄마에게 혼난 일이며, 선생님 몰래 책상 밑으로 크림빵을 나눠 먹던, 함께했던 행복한 일들을 추억합니다.

그런데 어느 날 아침 갑자기, 잠에서 깨니 이 모든 행복했던 추억이 머리에 하나도 떠오르지 않는다면 어떨지 상상해 보신 적이 있나요. 아마 대다수 사람들은 사라진 기억을 되돌리려고 머리를 쥐어짤 것이고, 그렇게 해도 기억이 하나도 떠오르지 않는다면 그야말로 '멘붕'에 빠지고 말 것입니다.

그런데 하루 종일 이러한 상태에 빠져 사는 안타까운

254

사람들이 바로 치매로 고통받고 있는 환자들입니다. 치매 증상의 초기에 많은 치매 환자는 초등학교 친구의 이름은 선명하게 기억나는데 어제 만난 거래처 직원의 이름은 기억이 나지 않는다고 의사에게 증상을 호소합니다.

이런 설명은 우리 일상에 대비해 보아도 그럴듯한 설명입니다. 예를 들어 우리 뇌가 컴퓨터라 가정한다면 매일 일정량의 정보를 저장하느라 하드 드라이브가 점차 채워지고, 어느 날 하드 드라이브 용량이 초과되면 새로운 정보를 저장하지 못할 테니까요. 그런데 최근 미국 MIT의 스스무 도네가와 교수 연구진이 《네이처》지에 발표한 연구 결과를 보면, 그간 우리가 오랫동안 믿고 있었던 이러한 치매 메커니즘에 관한 지식을 수정해야 할지도 모르겠습니다.

사람과 같이 치매 증상이 발병하도록 유전자조작된 쥐를 이용한 실험에서, 치매 초기에는 새로운 기억을 만들지 못하는 것이 아니라 기억 창고에 저장된 기억을 꺼내는 것에 문제가 있다는 것을 발견했습니다. 즉 치매 증상은 새로운 것을 기억하지 못하는 것이 아니라 기억한 것을 필요할 때 찾지 못하는 것입니다. 우리 뇌를 다시 컴퓨터로 가정해 보면 치매란 하드 드라이브 용량이 다 차서 새로운 정보를 저장하지 못하는 것이 아니라, 저장된 정보의 주소를 제대로 찾지 못해 필요한 정보를 불러오지 못하는 것이죠.

어쩌면 이 발견은 수많은 치매 환자에게 커다란 희망을 줄 수도 있습니다. 애초에 새로운 정보가 저장되지 않는다면 치매 환자들이 기억을 회복할 가능성이 전혀 없지만, 뇌 속 어디엔가 정보는 저장되지만 단지 찾지 못하는 것이라면 언젠가 그 정보를 찾아내는 기술이 개발되면 치매 환자들의 기억을 되찾을 수도 있는 희망이 생기는 것이니까요.

앞서 말씀드렸지만, 최근 선진국들은 뇌 속의 지도를 만드는 일에 천문학적 연구비를 투자하고 있습니다. 21세기 초 버락 오바마 대통령은 인간 뇌의 신비를 밝히고 치매를 포함한 뇌 질환을 정복하겠다고 선언했고, 미국은 3조 6000억 원이 넘는 예산을 투자하는 야심찬 연구를 수행하고 있습니다. 우리나라도 대구에 위치한 국내 뇌 연구 컨트롤 타워, 한국뇌연구원이 중심이 되어 인간 뇌의 신비를 밝히고자 연구하고 있습니다.

이들 연구의 중심에는 '인간 뇌 지도 작성'이 있습니다.

언젠가 인간 뇌 지도가 완성되면, 우린 치매 환자 뇌 속에서 길을 잃은 기억들을 찾아 주는 것이 가능할지도 모르겠습니다. 길을 잃은 것이 아니라 가출한 기억도 집을 찾아 줘야 할지 걱정도 되지만, 우선은 이런 걱정보다 치매로부터 해방되는 것이 우리 사회에는 더 중요할 것입니다. 치매로 고생하는 많은 분들을 위해서 길 잃은 추억들을 찾아 주는 신기술이 빨리 개발되기를 바랍니다.

나비처럼 날아서
벌처럼 쏘던 사나이

2016년 6월 3일 복싱 역사상 가장 위대한 복서가 세상을 떠났습니다. 무하마드 알리가 바로 그 사람입니다. 캐시어스 마셀러스 클레이 주니어란 이름으로 1960년 로마 올림픽에서 라이트 헤비급 아마추어 챔피언으로 등극한 후 이슬람으로 개종하면서 무하마드 알리로 이름을 개명합니다. 알리는 헤비급 선수임에도 불구하고 매우 빠른 몸놀림으로 유명했는데, 후에 이런 알리의 빠른 발놀림에 영감을 얻어 이소룡도 비교적 정적인 중국의 쿵후에 알리의 스텝을 가미해 권투 선수처럼 뛰어다니며 특유의 괴성을 지르는 자신만의 스타일을 만들었다는 일화도 있습니다.

이렇게 현란한 스텝과 입담으로 상대의 기를 죽이던 알리는 1981년 경기를 마지막으로 은퇴합니다. 그로부터 15년 뒤인 1996년, 무하마드 알리는 미국 애틀랜타 올림픽의 최종 성화 점화자로 다시 우리 앞에 나타납니다. 안타깝게도 알리는 전성기 시절의 화려한 스텝 대신 어눌한 걸음걸이로 손을 떨면서 힘겹게 성화대에 불을 붙였습니다. 알리는 오랜 복서 생활을 하며 얻은 직업병인 펀치드렁크 증후군으로 인해 말과 행동이 부자연스러워지는 '파킨슨병(혹은 파킨슨 증후군)'으로 고통을 받고 있는 환자였던 것입니다.

파킨슨병은 19세기 말에 이 질환을 처음 보고한 영국인 의사 제임스 파킨슨의 이름을 딴 퇴행성 신경 질환으로, 가만히 멈춰 있을 때 본인 의지와 무관하게 몸이나 손을 떠는 증상과 같은 특이 행동들이 나타납니다. 파킨슨병은 이상 단백질이 신경세포에 쌓이고, 이 신경세포가 괴사하면서 발생하게 됩니다. 이상 단백질 축적으로 인한 발병 외에도 뇌졸중, 약물중독, 외상 후에 나타나는 경우도 있습니다. 무하마드 알리와 같은 복서는 지속적으로 머리에 강한 충격을 받아서 파킨슨병이 발병할 수 있고, 헤딩을 많이 하는 축구 선수 역시 비슷한 이유로 발병할 수 있다고 합니다.

여러 연구를 통해 파킨슨병이 뇌 속 도파민을 분비하는 기관의 이상으로 유발된다는 것을 밝힌 이래 외부에서 도파민을 주입하여 파킨슨병의 증상을 완화해 보려는 시도가 많았지만 효과가 잘 나타나지 않았습니다. 그 이유는 주입된 도파민이 몸속에서 분해되어 뇌에 이르는 양이 너무 적기 때문인 것으로 밝혀졌습니다.

이후 도파민의 전구체인 '레보도파' 합성에 성공하고, 이를 먹을 수 있는 약물로 개발하는 실험이 잇따라 성공하면서 파킨슨병 치료에 획기적 전기가 마련됩니다. 더불어 약물이 전달된 말초에서 도파민이 분해되지 않도록 도파민을 분해하는 효소를 억제하는 약물까지 개발되면서, 이제 파킨슨병은 다른 퇴행성 신경 질환과 달리 더 이상 수명을 단축하는 무서운 신경 질환이 아니게 되었습니다. 실제 최근 영국과 미국에서 파킨슨병 환자들의 수명은 환자가 아닌 사람에 비해 크게 다르지 않다는 보고와 파킨슨병이 인간의 수명을 단축한다는 증거가 없다는 보고가 연달아 발표되기도 했습니다.

〈백 투 더 퓨처〉란 영화로 잘 알려진 배우 마이클 J. 폭스 역시 파킨슨병 환자입니다. 현재 마이클 J. 폭스는 자신의 이름을 딴 파킨슨병 연구 재단을 설립하여 파킨슨병으로 고통받는 사람들을 돕는 등 약물 개발 이후 거의 평소와 다름 없는 사회활동을 하고 있습니다. 이 배우는 영화에서 서 있는 장면에서는 늘 바지 주머니에 손을 넣고 있는데, 이것은 자신이 의도하지 않은 손 떨림이 나타나는 것을 관객들에게 보이지 않으려는 자신만의 노력이었다고 합니다.

자신의 권투 스타일을 '나비처럼 날아서 벌처럼 쏜다'고 말하던 무하마드 알리는 이제 우리 곁을 떠났습니다. 혹시 지금은 하늘나라에서 천사들을 모아 놓고 '천사처럼 날아서 악마처럼 쏜다'고 떠들고 있지는 않을까요? 그래도 그곳에선 파킨슨병에서 완전히 자유로워졌기를 기원합니다.

머리가 좋아지는
대변

2005년 일본이 세계에서 가장 먼저 초고령 사회(65세 이상인 인구가 전체 인구의 20퍼센트가 넘는 사회)에 진입한 이래 이탈리아, 독일, 스웨덴이 그 뒤를 이어 초고령 사회가 되었습니다. 내년쯤 프랑스가 초고령 사회에 진입할 것이라 하며, 한국은 2025년쯤 될 것으로 예상합니다. 2017년《랜싯Lancet》지에 발표된 연구 결과에 따르면 2030년 한국에서 태어나는 여성과 남성의 기대수명은 각각 91세와 84세일 것이라 합니다. 이 수치는 세계 1위에 해당하는 수치입니다. 이제 우리나라 사람들의 목표는 '단순히 오래 사는 것'이 아니라 '건강하게 오래 사는 것'으로 바뀌고 있습니다.

이런 사회 변화에 발맞춰 많은 과학자들은 어떻게 하면 사람들이 '건강하게 오래 살 것인가'를 연구하고 있는데, 최근 이에 관련된 매우 흥미로운 연구 결과가 발표되었습니다. 이 연구는 독일 막스플랑크연구소의 라카르도 발렌자노 박사 연구진이 《바이오아카이브bioRxiv》지에 발표했는데, 늙은 물고기에게 젊은 물고기의 대변을 먹이면 수명이 연장된다는 연구입니다. 이러한 일이 가능한 것은 대변 속 장내 미생물(마이크로바이옴, microbiome)때문입니다.

장수 연구와는 조금 다른 분야이긴 하나 비만에도 장내 미생물이 중요한 역할을 한다는 연구 보고가 있었습니다. 장내 미생물 연구 전문가인 미국 세인트루이스 소재 워싱턴대학교 의과대학 제프리 고든 교수 연구진이 2006년 《네이처》지에 보고한 바에 따르면, 표준 체중의 쥐에 뚱뚱한 쥐의 대변을 이식하면 뚱뚱해지고, 날씬한 쥐의 대변을 이식하면 날씬해진다고 합니다. 고든 교수 연구진은 2014년 《셀》지에 다시 연구 결과를 발표하는데, 매우 흥미롭게도 대변 이식 효과는 쥐의 대변이 아닌 사람의 대변을 이용한 실험에서도 재현되었습니다. 즉 표준 체중의 쥐에 비만인 사람의 대변을 이식하면 뚱뚱해지고, 날씬한 사람의 대변을 이식하면 날씬해진다고 합니다.

이런 연구 결과를 기반으로 이미 미국 보스턴에 대변은행 격인 '오픈바이옴'이란 비영리기관이 설립돼, 건강한 사람의 대변을 수집하고 이를 정제하여 난치성으로 알려진 C-디피

실리Clostridium difficile 감염으로 고생하는 환자를 치료하는 데 활용하고 있다고 합니다. 연간 1000만 원 정도의 금전적 보상도 해 준다고 하니, 이제 머지않아 옛 속담처럼 약에 쓸 대변을 어렵게 찾아다닐 날이 올 것 같습니다. 또 보건소마다 헌혈을 위한 줄이 아니라 '헌변'을 위해 줄을 서는 일도 보게 될 듯합니다.

장내 미생물 연구는 단순히 비만이나 장수에만 국한되는 것이 아니라 뇌 활동에도 중요한 역할을 할 것이라 예측합니다. 실제 캐나다 맥마스터대학교의 프레미슬 베르식 교수 연구진이 2015년 《네이처 커뮤니케이션》지에 발표한 내용에 따르면, 장내 미생물 환경이 불안 증세나 우울증에 영향을 미칠 수 있다고 합니다. 즉 불안 증세나 우울증으로 고생하는 사람에게 이를 완화하는 데 도움이 되는 장내 미생물을 잘 이식해 주면, 약물 없이도 증세를 호전시킬 수 있는 가능성이 열린 것이죠.

명색이 향기박사인 제가 향기로운 이야기를 두고 전혀 향기롭지 않은 대변 이야기를 많이 했네요. 그러나 대변을 만드는 우리 장내 미생물의 역할은 전혀 향기롭지 않은 환경에서 향기로운 세상에 사는 사람들을 위해 수고하는 우리 주변 많은 의인들과 다르지 않다는 생각도 해 봅니다. 또 우리 과학자들의 계속된 노력으로 장내 미생물이 우리 뇌에 미치는 역할이 모두 밝혀진다면, 어쩜 가까운 미래에 "머리 좋아지는 X 한 뚝배기 하실라예!" 하는 TV 광고를 보게 될지도 모르겠습니다.

스마트한
스포츠맨십

해마다 여름이면 대구에서 '세계명문대학 조정축제'가 열립니다. 미국 하버드대학교와 MIT, 영국의 케임브리지대학교, 스위스의 ETH(취리히 연방공과대학), 호주의 시드니대학교, 중국의 홍콩과학기술대학교, 그리고 대한민국 DGIST에 다니는 학생들이 참가하는 국제 조정대회입니다.

이 대회 최고의 장관은 다른 대륙, 다른 대학 출신의 선수들이 서로 섞여 새로운 융합 팀을 만들어 승부를 겨루는 12킬로미터 코스 경주입니다. 사실 조정은 규정종목인 1킬로미터 코스만 완주해도 심장이 터질 것 같고, 근육에 축적된 젖산으로 내 팔다리가 마치 남의 팔다리처럼 느껴진다고 하니, 무려 10배가 넘는 거리인 12킬로미터를 완주하면 선수들은 가히 인간 육체와 정신력의 한계를 시험하는 극한의 경험을 하게 될 것입니다. 그런데 경주를 마치면 선수들은 마치 지옥에라도 다녀온 것 같은 표정으로 보트에서 내리지만, 곧바로 완주한 동료들과 어울려 성취에 대한 만족감을 함께 만끽합니다.

이런 아름다운 스포츠맨십은 보는 이들에게도 무한한 청량감을 선사하죠. 가끔 경주 중반쯤 망원경으로 보면 선수 개개인은 너무 고통스러운 표정으로 노를 젓습니다. 그럴 때면 혹시라도 기능항진약물의 도움을 받아 조금은 쉽게 경기를 치르고 싶은 충동이 들지 않을까 하는 생각을 하곤 합니다. 2014년 독일 언론사가 폭로한 러시아 운동선수들의 도핑 스캔들을 보면, 운동선수들은 힘을 덜 들이고도 기록을 단축하거나 혹은 향상시킬 수 있는 약물이 있다면, 대부분의 경우 그 약물에 대한 유혹에서 자유롭지 못한 것 같습니다. 그런데 러시아 국가대표팀 선수들은 한두 종목의 특정 선수가 아니라 올림픽에 출전한 대부분이 금지 약물을 복용한다는 주장까지 있어, 러시아 선수들에게 올림픽 정신은 모두 퇴색된 것 같습니다.

하지만 뇌의약학의 관점에서 도핑을 보면 새로운 도덕적 딜레마에 직면합니다. 우리 삶이 운동경기라고 한다면 모든 금지 약물 사용을 도핑이라 규정하고, 그런 약물 개발 자체도 모두 금지하면 됩니다. 그러나 조금만 다르게 생각해 보면, 비장애인이 아니라 장애인들을 위해 이 약물을 사용해 그들의 치료에 도움을 줄 수 있다면 이러한 약물 개발은 권장해야 할 기술입니다. 과거 학생들의 주의력 향상을 통해 학습 효과를 높여 주는 약물이 인기를 끈 적이 있었는데, 알고 보니 이 약물은 운동경기에서 은밀히 사용되는 대표적 금지 약물이어서 사회적 문제가 되기도 했습니다. 그런데 정작 이 약물은 정서 장애 환자의 상태를 완화하거나 치매 초기 환자의 치매 증상을 개선시켜 주는 약물로, 없어서는 안 될 중요한 의약물입니다.

따라서 이런 종류의 약물 개발을 완전히 금지하기도 쉽지는 않아 보입니다. 또 최근 정보통신기술 발전에 따른 뇌융합 연구 분야의 발전은 또 하나의 질문을 던집니다. 만약 약물을 쓰지 않는다면 도핑이 아닌가 하는 질문입니다. 미국에서는 약물 없이 뇌에 전기 자극만 주는 방식으로 운동선수의 능력을 향상시키는 '브레인 도핑'이란 기술을 선보였습니다. 연구에 따르면 스노보드 선수들의 뇌에 전기 자극(경두개 직류전기 자극, tDCS)을 주었더니 점프력과 균형 감각이 무려 70~80퍼센트나 향상되는 것을 발견했습니다. 연구자들은 뇌에 흘려준 전기 자극이 뇌 가소성을 통해 뇌 속 운동영역을 담당하는 부위에 새로운 신경망 연결을 만들어 주어 고난도의 신기술을 연마하는 데 도움을 주었을 것이라 설명합니다. 앞으로 얼마나 더 신묘한 브레인 도핑 기술이 우리 앞에 나타날지 상상하기 쉽지 않습니다. 그러나 어떠한 기술이 등장하더라도 우리나라 선수들은 운동에서만큼은 자신과의 철저한 싸움을 통해 축적된 건강한 근육과 스마트한 뇌로 세상과 맞서는 스포츠맨이 되기를 기대합니다.

달면 삼키고
쓰면 뱉는다

사람은 다섯 가지의 맛을 느낀다고 합니다. 맛은 음식물 속의 정보를 뇌에 전달하는 역할을 하는데, 예를 들어 음식에 소금이 들어 있으면 '짠맛'을 느끼고, 상한 음식이나 식초가 들어간 음식을 먹으면 시큼한 '신맛'을 느끼게 되죠. 또 우리 몸에 필요한 글루코스 영양분이 음식에 포함되어 있다면 달달한 '단맛'을 느끼게 되어 꿀떡 삼키고, 먹고 나면 배탈이 나거나 몸을 아프게 할 독성분이 음식 속에 있다면 '쓴맛'을 느끼고 바로 뱉어 버리게 됩니다. 그리고 우리가 우동 국물을 먹을 때의 풍미는 '감칠맛'으로 느껴집니다. 연구를 통해 검증이 더 필요하지만, 최근 소고기 속 마블링이나 삼겹살 혹은 곱창에서 나오는 기름의 고소함도 또 하나의 맛이라 하고, 안동의 종갓집 장에서 경험하는 시간의 맛도 '깊은 맛'이라는 새로운 맛이라고 주장하는 연구자도 있습니다.

사실 우리가 맛을 느낀다는 것은 단순히 그 맛을 혀에

서 느끼는 것뿐만 아니라 한 사람의 경험 그리고 그때의 감정에 따라서 뇌가 다른 맛으로 느끼게도 합니다. 특히 음식의 기억은 매우 강렬한데, 예를 들어 어릴 때 생선을 먹고 심하게 배탈을 앓은 경험이 있는 사람은 어른이 되어서도 절대 생선을 입에 대지 않는 경우가 많습니다.

최근《네이처》지에 맛과 우리 뇌 반응에 대한 흥미로운 연구 결과가 발표되었습니다. 콜럼비아대학교의 찰스 주커 연구진은 단맛과 신맛을 처리하는 신경회로가 뇌 속 편도체amygdala의 각기 다른 부분으로 정보를 전달한다는 것을 발견했습니다. 편도체는 감정을 조절하고, 공포에 대한 학습 및 기억에 중요한 역할을 해 정서의 뇌라고도 불리는데, 감정을 조절하는 뇌의 변연계에 있습니다. 그간 주커 교수의 연구진은 맛과 뇌 인지에 관련된 연구를 꾸준히 진행했는데, 2015년에도《네이처》지에 혀에서 느낀 단맛과 쓴맛에 대한 정보가 뇌의 미각피질의 각기 다른 부위로 전달되어 뇌가 단맛과 쓴맛의 차이를 구별한다는 것을 보고한 바 있습니다.

이번 연구는 맛 정보가 단맛과 쓴맛을 구별한 미각피질로부터 편도체의 각기 다른 부위로 전달되어 그 맛의 호불호가 갈린다는 것을 밝힌 것입니다. 즉 음식에서 달달한 맛이 나면 뇌는 '달달하구나' 그래서 '좋다'고 생각하며 즐겁게 먹고, 음식에서 쓴맛이 나면 뇌는 '아, 쓰다' 그래서 '싫다'고 판단하고는 먹지 않으려 한다는 것이죠.

이러한 뇌의 정보처리 방식은 향기를 처리하는 방식과는 다릅니다. 우리가 어떤 향을 맡으면 뇌는 그 향이 '꽃향기'인지 '허브 향기'인지 구별하는 회로와 어떤 향이 '왠지 좋다' 혹은 '그냥 싫다'고 느끼는 회로를 각기 분리하여 처리합니다. 즉 향기를 처리하는 뇌의 회로는 향을 구분하는 후각피질과 향의 선호를 구분하는 편도체가 각기 다른 회로로 구성되어 있죠. 후각과 미각이 모두 화학물질을 감지하는 것은 같지만 뇌에서 처리하는 방식이 다른 것도 신기합니다.

주커 교수 연구진의 논문을 읽으며 '달면 삼키고 쓰면 뱉는다'는 우리 속담을 음미해 보니, 우리 조상님들은 제대로 과학 교육을 받지도 않았는데 어쩌면 이렇게 정확하게 과학 진리를 꿰뚫어 볼 수 있었는지 존경스럽습니다. 우리 조상님들의 속담을 저의 버전으로 풀어 보자면 다음과 같습니다. "달면 미각피질이 단 것을 알아보고 편도체가 좋다고 하니 삼키고, 쓰면 미각피질이 쓴 것을 알아보고 편도체가 싫다고 하니 뱉는다." 다만 이 속담이 음식에만 적용되고 사람과의 관계에서는 쓰이지 않기를 바랍니다!

사랑하는 사람의 손을
잡아 주세요

2018 평창 동계올림픽은 우리 국민들에게 많은 자부심과 감동을 주었습니다. 특히 가장 감동적인 것은 개막식이었습니다. 1988년 서울에서 성화가 꺼진 후 30년 만에 다시 우리나라에 성화가 밝혀지고, 개막을 알린 행사는 하나하나가 모두 관객의 눈을 사로잡을 만한 것들이었습니다. 베이징 올림픽이나 소치 올림픽 개막식의 10분의 1에 불과한 예산만으로 이색적이고 참신한 퍼포먼스를 기획해 전 세계 시청자의 대호평을 끌어낸 것입니다.

평창 동계올림픽 개막식을 보면서, 1988년 경험한 서울 올림픽의 개막식이 떠올랐습니다. 한 아이가 굴렁쇠를 굴리며 나오는 모습과 스위스에서 활약하던 '코리아나'라는 한인 그룹이 개막식의 피날레를 장식하며 부른 '손에 손잡고'란 노래가 가장 인상적이었습니다. '손에 손잡고 벽을 넘어서 / 서로서로 사랑하는 한마음 되자'라는 가사는 지금 보면 서울 올림픽이 냉

전시대의 갈등으로 계속된 올림픽 보이콧을 깨고 그간 손상되었던 올림픽 정신을 회복한 첫 올림픽이란 의미에서 참 잘 어울리는 것 같습니다.

실제로 손을 잡는 행위가 세계 평화를 하루아침에 가져다주지는 않겠지만, 우리 뇌에는 즉각적으로 참 많은 신기한 효과를 가져다줍니다. 손을 통해 서로의 체온을 느끼며 상대방의 심리 상태에 공감하기도 합니다. 심지어 상대방의 고통을 공유해 그 고통을 나누기도 합니다. 실제 이러한 사실을 증명하는 연구가 있었습니다. 미국 콜로라도대학교 심리학과의 파벨 골드스타인 박사는 첫아이의 출산으로 분만실에서 고통스러워하는 아내 옆에서 어쩔 줄 몰라 계속 위로의 말을 건네고 있었는데, 아내가 "말 좀 그만하고 그냥 손을 잡아 달라"고 부탁한 것에 다소 놀랐습니다. 자신의 백 가지 위로의 말보다 그저 말없이 손을 꼭 잡아 주는 것만으로 아내가 산통으로부터 조금이나마 벗어난다는 사실이 신기하기도 했습니다.

이에 골드스타인 박사는 자신의 이러한 경험을 바탕으로 어쩌면 고통받는 사람의 손을 잡아 주는 것으로 그 사람의 고통을 덜어 줄지도 모른다는 생각을 하게 되었고 이를 증명하

는 연구를 시작합니다. 골드스타인 박사 연구진은 실험군을 모집해 여성에게 간단한 고통을 주면서 다른 사람들이 손을 잡아 주게 하고, 정말 손을 잡아 주면 그 여성의 고통을 줄여 줄 수 있는지를 실험해 보았습니다. 연인이 손을 잡아 주면 두 사람의 심장박동 수가 비슷해지고 두 사람의 뇌파도 동조되면서 여성이 느끼는 고통이 상당히 줄어드는 것을 발견했습니다. 흥미롭게도 아무나 손을 잡아 준다고 고통이 줄어들지는 않았습니다. 즉 낯선 사람이 손을 잡아 주면 고통을 줄여 주는 효과가 나타나지 않았습니다. 또 연인이라 하더라도 멀뚱멀뚱 바라만 보고 있는 경우에는 고통을 줄여 주는 효과가 나타나지 않는 것을 발견했습니다.

골드스타인 박사는 사랑하는 사람들 간에 직접 손을 잡는 행위는 두 사람의 뇌파가 동조되고 서로 간의 경계를 허물어 서로에 대한 공감 능력을 높이는 것 같다고 설명합니다. 힘든 직장 일을 마치고 돌아온 배우자의 손을 잡아 주거나 부모님의 손을 잡아 드리는 일, 사회에 첫발을 내디딘 사회 초년생 자녀의 손을 꼭 잡아 주는 일, 과중한 학업에 힘든 자녀의 손을 한 번 잡아 주는 일은 단순히 작은 심리적 위로만 주는 행위가 아니라 실제 사랑하는 사람들이 온몸으로 느끼는 고통까지 덜어 주는 적극적인 치유법입니다. 그러니 오늘부터는 사랑하는 사람들에게 인사만 하지 말고 손을 꼭 잡아 주기를 바랍니다.

향기 치료법
온몸으로 퍼지는 아로마테라피의 효능

향을 이용해 병을 치료한다는 기록은 고대 이집트부터 발견됩니다. 그 당시 병은 병마病魔라 하여 귀신이 씌었다는 생각을 하였기 때문에 식물에서 추출한 방향 물질로 향을 피워 귀신을 물러나게 하려는 의식의 하나로 시작했을 것이라는 주장도 있습니다. 이렇게 식물에서 유래한 방향 성분을 이용해 심신의 건강과 안정을 취하거나 미용을 증진하는 행위를 아로마테라피Aromatherapy라 합니다. 처음 아로마테라피란 말을 사용한 사람은 20세기 초 프랑스의 과학자 루네 모리스 갓트포세 박사로 알려져 있고, 향aroma과 치료therapy란 두 단어를 조합해 만들었다고 알려집니다. 최근 아로마테라피는 전 세계 많은 사람들에게 향초, 디퓨저, 바르는 제제 등의 형태로 사용되고 있습니다. 아로마테라피 활용 예로는, 두통을 완화시킨다거나, 스트레스 호르몬인 코티졸을 감소시켜 긴장 완화로 마음을 평안하게 유도하는 간접적인 경우가 있으며, 심장동맥순환 향상으로 심질환 상태를 개선하거나 천식 등의 폐질환을 치료하는 직접적인 경우도 있습니다. 최근 치매 환자들을 대상으로 아로마테라피가 활용되기 시작했는데, 아로마테라피를 받은 치매 환자들의 불안과 우울 증세가 완화되는 것은 물론 치료진에 대한 사회성이 높아져서 치료 편의성이 증대되는 사례도 보고되었습니다. 이런 아로마테라피 효과는 방향성분이 코를 통해 후각기관을 자극하면서 시작됩니다. 후각기관이 자극되면 뇌 속 변연계가 활성화되고, 동시에 후각신호 처리단인 시상하부에도 영향을 주게 됩니다. 시상하부는 신체의 다양한 기능을 조절하는 중추조직이므로, 아로마테라피를 통해 흡입한 방향 물질이 신체 여러 기관에서 효과를 나타내는 것을 설명하는 데 중요한 열쇠가 될 수 있습니다. 대중적인 높은 관심과 실제 치료 효과에도 불구하고 아직 많은 연구가 보강되어야 비로소 모두가 안심하고 접근할 수 있는 아로마테라피 대중화 시대가 올 것이라 예상하고 있습니다.

먼저 아로마테라피의 효과의 작용점에 대한 과학적인 연구가 좀 더 많이 진행되어야 확신할 수 있겠지만, 아로마테라피의 효과는 화학물질의 구조를 감지하는 후각 감각기관인 후각수용체를 통할 것이라 많은 연구자들은 예상합니다. 즉 방향 물질이 후각수용체에 직접 접촉함으로써 비로소 아로마테라피 효과가 일어난다는 것입니다. 아로마테라피 효과의 작용점으로 주목받는 후각수용체의 유전자는 1991년 미국 콜럼비아대학교의 리처드 액설 교수와 당시 액설 교수의 박사 후 연구원이었던 린다 벅 박사에 의해 처음 밝혀졌습니다. 이후 액설 교수는 콜럼비아대학교에서, 벅 교수는 하버드대학교에서 옮겨 간 프레드허치킨스연구소에서 계속 후각수용체의 기능에 대한 훌륭한 연구를 진행했고, 그 공로를 인정받아 2004년 노벨 생리·의학상을 수상했습니다. 방향 물질의 센서인 후각수용체는 콧속 후각상피에 존재하는 후각신경세포에 발현합니다. 후각신경세포는 양극성 신경세포로 가지돌기dendrite는 위로 뻗어 말단에 후각섬모를 형성하고 있으며 이 섬모는 외부 환경과 직접 닿아 있습니다. 참고로 인간의 몸에서 외부 환경에 직접 노출되어 있는 신경세포는 후각신경세포가 유일합니다. 바로 이 후각섬모에 후각수용체가 발현하고 있으며, 이 후각수용체가 1조 개가 넘는 세상의 모든 화학물질을 감지해 뇌로 신호를 보내는 것입니다. 후각신경세포의 축삭axon은 후각망울olfactory bulb이라는 중추신경계에 직접 닿아 있어 후각수용체가 감지한 화학물질 정보를 뇌로 전달합니다.

후각수용체 유전자를 발견한 이후 더 많은 연구자가 후각 수용체 관련 연구에 참여했고, 분자유전학의 발전으로 좀 더 심도 있는 연구가 가능해졌습니다. 그런데 흥미롭게도 후각수용체가 냄새를 맡는 콧속 후각상피가 아닌 다른 조직에서도 발견되었습니다. 1995년 미국 존스홉킨스대학교 의과대학의 솔로몬 스나이더 교수 연구진은 정자에서 후각수용체가 발현하는 것을 《분자의학Molecular Medicine》지에 처음 보고했습니다. 많은 연구자들의 후속 연구를 통해 후각수용체가 후각기관이 아닌 곳에서도 발현한다는 것이 속속 밝혀졌으며, 그 결과를 정리해 보니 놀랍게도 머리부터 발끝까지 후각수용체가 발현하지 않는 곳은 없다고 말할 정도입니다. 정리된 연구 결과에 따르면 후각수용체는 코는 물론 혀·뇌·심장·폐·간·신장·대장·소장·피부·정자 및 정소에 발현하고 있습니다. 후각수용체가 우리 온몸에 발현하고 있다는 과학적 발견을 기반으로, 아로마테라피는 방향 물질들이 증상에 해당하는 각 기관에 발현하는 후각수용체를 통해 직접적인 효과를 유도할 수도 있을 것이라 예상할 수 있습니다.

그런데 우리 몸의 기관은 혀·피부·폐의 일부·장처럼 외부에 직접 노출된 기관도 있지만 뇌·간·심장처럼 외부에 노출되지 않은 기관도 있습니다. 그리고 외부에 직접 노출되지 않은 기관에 발현하는 후각수용체가 방향 물질과 직접 접촉하는 것은 사실상 불가능합니다. 하지만 아로마테라피에 사용되는 방향 성분은 다양한 경로를 통해 우리 몸속으로 침투할 수 있습니다. 따라서 이들 방향 물질이 뇌·간·심장 같은 장기에 직접적인 영향을 줄 가능성도 배제할 수는 없습니다. 실제 아로마테라피에 사용되는 방향 성분이 몸속으로 흡수되는 경로는 다음과 같습니다. 코로 들어온 방향 물질이 목이나 기관지로 들어가 점막에 흡착해 점막 아래 존재하는 혈류로 들어가는 경우, 호흡을 통해 폐 속 허파꽈리까지 들어가 혈류로 들어가는 경우, 소화기로 넘어가 장까지 도달하는 경우, 그리고 피부에 흡착되어 피부 밑의 혈류로 들어가는 경우입니다. 사실 피부에는 피부조직 내 세포에 후각수용체가 발현하므로 아로마테라피의 피부 재생이나 상처 복원 등의 효과는 피부조직에 발현하는 후각수용체가 직접 작용할 가능성이 높습니다. 어떤 경우로든 혈류를 통해 온몸에 전달된 방향 물질은 각 기관에 발현하는 후각수용체를 찾아가 기능을 할 것입니다. 2017년 제 연구실과 연세대학교 박태선 교수 연구실에서 수행한 연구가 그 예인데, 식물에서 유래한 방향 물질을 쥐에 복강 주사를 통해 주입했는데, 이 방향 물질이 간조직 지방세포에 발현하는 후각수용체를 자극해 지방세포 크기를 줄여 비만 등의 대사 질환을 치료할 수 있다는 것을 밝혔습니다. 즉 복강주사를 통해 투입된 방향 물질이 혈관을 통해 침투해 혈류로 들어가 간에 도달하여 지방세포의 후각수용체를 활성화시켜 효과를 유발한 것입니다.

아로마테라피는 아직 과학적으로 밝혀져야 할 것들이 많은 기술입니다. 방향 물질은 대부분 유기용매에 녹아 있어 빠른 효과를 기대하고 피부에 바르거나 음용을 하게 되면 피부 질환이나 소화기에 이상을 유발할 수도 있고, 또 너무 많은 양이 몸속에 흡수되어 혈류로 침투하면 해독을 담당하는 간이나 이를 배출하는 신장 등에 무리를 주어 장기 손상으로 이어질 수도 있습니다. 따라서 충분히 지식과 경험을 갖춘 전문가의 도움 아래 아로마테라피를 수행하는 것이 바람직합니다. 앞으로 활발한 후각수용체 연구와 관련 연구를 통해 좀 더 안전하고 부작용 없는 아로마테라피가 소개되길 기대합니다.

감사의 글

이 책이 나오기까지 도움을 주셨던 많은 분들에게 감사드립니다. 먼저 지금까지 많은 영감을 주고 격려를 아끼지 않았던 ㈜북이십일 장미희 팀장과 전민지 편집자, 영남일보 박종문 교육팀장께 감사드립니다. 그리고 글을 향과 융합할 수 있도록 영감을 준 임원철 조향사께 특별한 감사를 드립니다. 또 뇌과학의 여러 분야에 걸친 폭넓은 관심과 시간과 장소를 가리지 않는 열정적인 토론으로 매일 저를 성장시킨 학문적 동지들, 문랩 Moon Lab. 멤버들에게도 지면을 빌려 감사의 뜻을 전합니다. 그리고 가장 먼저 제 글을 읽고 따뜻하지만 예리한 비평을 해 준 지혜, 어려운 뇌 관련 의학 지식을 늘 쉽게 설명해 준 두 형들과 30년 전 생애 첫 워드프로세서를 선물해 준 누나와 자형, 그리고 명절 모임 때마다 지루한 저의 과학 이야기를 묵묵히 들어 준 가족들에게도 고마움을 전합니다. 마지막으로 뇌과학을 전공한 적이 없지만 "머리는 쓰면 쓸수록 좋아진다"는 사실을 매일 가르쳐 주신, 제겐 세계 최고의 뇌 전문가인 부모님께 사랑과 감사의 마음을 전합니다.

나는 향기가 보여요

달콤 쌉쌀한 생활밀착형 뇌과학

1판 1쇄 인쇄 2018년 12월 13일
1판 1쇄 발행 2018년 12월 21일

지은이   문제일
펴낸이   김영곤
펴낸곳   아르테

미디어사업본부 본부장 신우섭
인문교양팀 장미희 박병익 김지은   책임편집 전민지   디자인 김은영   본문 일러스트 봉지 sotoon.co.kr
영업 권장규 오서영   마케팅 민안기 정지은 정지연 김종민   제작 이영민

출판등록 2000년 5월 6일 제406-2003-061호
주소   (10881) 경기도 파주시 회동길 201(문발동)
대표전화 031-955-2100   팩스 031-955-2151   이메일 book21@book21.co.kr

ISBN 978-89-509-7901-0 03400
아르테는 (주)북이십일의 브랜드입니다.

(주)북이십일 경계를 허무는 콘텐츠 리더

아르테 채널에서 도서 정보와 다양한 영상자료, 이벤트를 만나세요!
방학 없는 어른이를 위한 오디오클립 〈역사탐구생활〉

페이스북 facebook.com/21arte   블로그 arte.kro.kr
인스타그램 instagram.com/21_arte   홈페이지 arte.book21.com